中等职业学校机电类规划教材

ZHONGDENG ZHIYE XUEXIAO JIDIANLEI GUIHUA JIAOCAI

专业基础课程与实训课程系列

电子技能实训——初级篇

（第2版）

谭克清 主编

BASIC & TRAINING

人民邮电出版社

北京

图书在版编目（CIP）数据

电子技能实训. 初级篇 / 谭克清主编. -- 2版. -- 北京 : 人民邮电出版社, 2010.6（2023.8重印）
中等职业学校机电类规划教材. 专业基础课程与实训课程系列
ISBN 978-7-115-22468-2

Ⅰ. ①电… Ⅱ. ①谭… Ⅲ. ①电子技术－专业学校－教材 Ⅳ. ①TN

中国版本图书馆CIP数据核字(2010)第047244号

内容提要

本书共7个项目，包括电子产品装接操作安全、简单钳工操作技能、常用电子元器件识别与检测、电子实训准备工序、手工焊接技能、简单电子电路工艺识图、简单电子产品装配实例等。全面介绍有关电子产品装配工艺的基础知识和技能，突出工艺，强调基本操作技能，注重实现职业实践中适用的技术要求。各项目附有相关技能训练、思考与练习，内容深入浅出，通俗易懂，操作性强。

本书可作为中等职业学校机电类、电工电子类专业的电子基础课程实训教材，也可作为职工培训教材和自学用书。

♦ 主　　编　谭克清
　责任编辑　李海涛
♦ 人民邮电出版社出版发行　　北京市丰台区成寿寺路11号
　邮编　100164　　电子邮件　315@ptpress.com.cn
　网址　http://www.ptpress.com.cn
　北京七彩京通数码快印有限公司印刷
♦ 开本：787×1092　1/16
　印张：10.75　　　　2010年6月第2版
　字数：264千字　　　2023年8月北京第23次印刷

ISBN 978-7-115-22468-2

定价：20.00元

读者服务热线：(010)81055256　印装质量热线：(010)81055316
反盗版热线：(010)81055315
广告经营许可证：京东市监广登字20170147号

丛书前言

我国加入 WTO 以后，国内机械加工行业和电子技术行业得到快速发展。国内机电技术的革新和产业结构的调整成为一种发展趋势。因此，近年来企业对机电人才的需求量逐年上升，对技术工人的专业知识和操作技能也提出了更高的要求。相应地，为满足机电行业对人才的需求，中等职业学校机电类专业的招生规模在不断扩大，教学内容和教学方法也在不断调整。

为了适应机电行业快速发展和中等职业学校机电专业教学改革对教材的需要，我们在全国机电行业和职业教育发展较好的地区进行了广泛调研；以培养技能型人才为出发点，以各地中职教育教研成果为参考，以中职教学需求和教学一线的骨干教师对教材建设的要求为标准，经过充分研讨与精心规划，对《中等职业学校机电类规划教材》进行了改版，改版后的教材包括 6 个系列，分别为《专业基础课程与实训课程系列》、《数控技术应用专业系列》、《模具制造技术专业系列》、《计算机辅助设计与制造系列》、《电子技术应用专业系列》和《机电技术应用专业系列》。

本套教材力求体现国家倡导的"以就业为导向，以能力为本位"的精神，结合职业技能鉴定和中等职业学校双证书的需求，精简整合理论课程，注重实训教学，强化上岗前培训；教材内容统筹规划，合理安排知识点、技能点，避免重复；教学形式生动活泼，以符合中等职业学校学生的认知规律。

本套教材广泛参考了各地中等职业学校的教学计划，面向优秀教师征集编写大纲，并在国内机电行业较发达的地区邀请专家对大纲进行了多次评议及反复论证，尽可能使教材的知识结构和编写方式符合当前中等职业学校机电专业教学的要求。

在作者的选择上，充分考虑了教学和就业的实际需要，邀请活跃在各重点学校教学一线的"双师型"专业骨干教师作为主编。他们具有深厚的教学功底，同时具有实际生产操作的丰富经验，能够准确把握中等职业学校机电专业人才培养的客观需求；他们具有丰富的教材编写经验，能够将中职教学的规律和学生理解知识、掌握技能的特点充分体现在教材中。

为了方便教学，我们免费为选用本套教材的老师提供教学辅助光盘，光盘的内容为教材的习题答案、模拟试卷和电子教案（电子教案为教学提纲与书中重要的图表，以及不便在书中描述的技能要领与实训效果）等教学相关资料，部分教材还配有便于学生理解和操作演练的多媒体课件，以求尽量为教学中的各个环节提供便利。

我们衷心希望本套教材的出版能促进目前中等职业学校的教学工作，并希望能得到职业教育专家和广大师生的批评与指正，以期通过逐步调整、完善和补充，使之更符合中职教学实际。

欢迎广大读者来电来函。

电子函件地址：lihaitao@ptpress.com.cn, liushengping@ptpress.com.cn

读者服务热线：010-67143761, 67132792, 67184065

第2版前言

《电子技能实训——初级篇》自2006年出版以来，受到了各院校广大师生关注并选用。通过几年来的教学实践，同时面对目前职业教育的飞速发展形势，我们认识到书中有些内容需要调整和更新。为此，我们对该书进行了修订，使该书更加体现“做中学、做中教”的教学特色，进一步融入“无线电装接工”职业资格标准，贴近岗位需求，继续探索“教、学、做”一体的教学模式。本次修订为第2版，编者在总结经验、改正错误的基础上，力求在以下几方面有所改进。

1. 坚持理论为实践服务，体现“做中学、做中教”，突出职业教育特色，强化学生的职业技能、职业素养培养，以提高学生的创业能力和职业适应能力。

2. 在任务的大小、内容的选定上更有层次性，有趣味性，符合学生的特点；贴近实际生产的需要，做到系列化、职业化，通过配套技能的训练项目使学生逐步掌握专业技能和相关专业知识。同时，教师也可根据实际教学情况选择不同的任务进行教学。

3. 任务各环节设计更科学、合理。通过操作指导、技能训练与评价、思考与练习等环节的安排，把相关知识巧妙地融合到任务实施过程中，使每个任务实施的操作性更强。

4. 教材表现形式活泼。本教材尽可能用图说话，直观清晰，以提高学生的阅读视觉兴致，方便阅读，便于自学。

本书在修订过程中，来自企业的工程技术人员黄炜参与了全书的修订工作，上海电子工业学校陈国培老师认真仔细地审阅了全书，并提出了很多宝贵的意见，在此表示诚挚的谢意！同时也感谢曾经使用过本书的广大师生和读者，他们对本书的修订提供了大量有益的建议。

由于电子技术发展日新月异，职业教学改革不断深化，恳请各院校师生一如既往，对书中的缺点和错误给予批评指正，以便今后不断改进。

编者

2010年元月

编者的话

本教程是根据中等职业教育的培养目标，结合《中华人民共和国职业技能鉴定规范——无线电装接工》（五级/初级、四级/中级）职业技能规范编写的实训教程和技能训练用书。

本教程分上、下两册，上册为初级篇，下册为中级篇。

本书以国家颁发的无线电装接工职业技能鉴定规范为依据，以实用、够用为原则，向学习电子技术的学生传授电子产品装配过程中各方面的基础知识和技能。为此，教材在编写时力求突出以下特点：

（1）选题内容尽可能体现新知识、新器件、新工艺、新技术的应用，强调实用性、典型性和工艺规范，使学生在真实的情境中去感受、体验，从而提高学习兴趣，掌握操作技能。

（2）打破传统章节段落设计，以无线电装接各项技能模块为主线，电子产品应用贯穿整个教学内容。让学生在用什么、学什么、会什么的过程中，掌握专业技能和相关专业知识。

（3）本书的技能训练通过操作分析、技能训练、训练与评价、项目小结和思考与练习等环节的安排，使技能训练可操作性强。

（4）在教材编写结构上，每个项目形成相对独立模块，具有一定的独立性和灵活性，便于在教学过程中有针对性地进行训练。

（5）借鉴国内外优秀教材，注重教学内容的直观性和形象化，图文并茂，浅显易懂。

通过本课程的大量训练，学生可达到无线电装接工五级/初级技能水平，并为进一步进入专业实训和无线电装接工四级/中级技能培训打下扎实的基础。本书由谭克清担任主编并完成了全书的统稿工作，副主编为陈建国、蒋峰、许长斌。

全书在编写过程中，上海市教委教学研究室电子类中心组组长周兴林给予了大力支持和帮助，并做了大量的组织工作；上海电子工业学校陈国培老师参与了教材大纲的编写并对教材的编写提出了许多宝贵意见，在此谨表示衷心的感谢。另外还要感谢上海电子信息职业技术学院动漫学院的张波老师为教材制作了部分插图，以及为教材提供了整机产品的部分工艺文件的企业。

本书由江苏省无锡机电高等职业技术学校的杨海祥老师和上海电子信息职业技术学院的冯满顺老师担任主审，河南信息工程学校的李中亚老师、山东省宁阳县职业教育中心的李为民老师、苏州轻工业学校的高峰老师、江苏常州刘国钧职教中心的袁建春老师审稿，在此一并表示感谢。

由于编写时间仓促、编者水平有限，书中错误和不妥之处在所难免，恳请读者提出宝贵意见，以便再版时修改。

编者

2006 年 1 月

目　录

项目一　电子产品装接操作安全……1

任务一　安全用电常识……1

基础知识……1

知识链接1　电流对人体的作用……1

知识链接2　触电方式……2

知识链接3　安全用电……3

知识链接4　基本安全措施……3

任务二　文明操作规程……4

项目小结……5

思考与练习……6

项目二　简单钳工操作技能……7

任务一　钳工操作基础知识……7

基础知识……7

知识链接1　钳工操作内容……7

知识链接2　钳工操作设备……7

知识链接3　简单工量具……9

操作分析……11

操作分析1　游标卡尺的使用方法……11

操作分析2　千分尺的使用方法……11

技能训练　常用量具的使用……12

任务二　钳工操作安全……12

基础知识……13

知识链接1　安全操作……13

知识链接2　文明操作……13

任务三　锉削……13

基础知识……13

知识链接1　锉刀的结构……13

知识链接2　锉刀的选择……14

操作分析……14

操作分析1　锉刀的握法……14

操作分析2　锉削的姿势和动作……15

操作分析3　锉削平面的方法……16

操作分析4　锉削中常用的测量工具……17

技能训练　锉削和工量具的使用……17

任务四　钻孔和扩孔……18

基础知识……18

知识链接1　钻孔……18

知识链接2　扩孔……19

操作分析……20

操作分析1　钻孔方法……20

操作分析2　钻孔时的注意事项……21

技能训练　钻孔和扩孔技能……21

项目小结……24

思考与练习……24

项目三　常用电子元器件识别与检测……25

任务一　指针式万用表的使用……25

基础知识……25

知识链接1　操作面板……26

知识链接2　表盘刻度数……26

知识链接3　万用表使用注意事项……27

操作分析……27

操作分析1　万用表的读法……27

操作分析2　MF50型万用表基本操作方法……28

任务二　电阻器的识读和检测……28

基础知识……29

知识链接1　电阻器的分类……29

知识链接2　电阻器的命名方法……30

知识链接3　电阻器的主要参数……31

操作分析……31

操作分析1　电阻器阻值和误差的识别……31

操作分析2　电阻器的测量……33

技能训练　电阻器的识别与检测……34

任务三　电容器的识读和测量方法……35

基础知识……35

知识链接1　电容器的种类和用途……35

知识链接2　电容器的命名……36

知识链接3　电容器的主要参数……36

操作分析……37

操作分析 1　电容器的规格与标注方法识读……37
操作分析 2　电容器的简易检测……38
技能训练　电容器的识别与检测……39
任务四　电感器的识读和检测方法……40
基础知识……40
知识链接 1　电感器的分类……40
知识链接 2　常用电感器外形与电路图形符号……41
知识链接 3　电感器的命名……41
知识链接 4　电感器的主要参数……41
知识链接 5　变压器的外形特征和电路符号……41
操作分析……42
操作分析 1　电感器的规格与标注方法识读……42
操作分析 2　电感器简易检测方法……42
拓展训练　中周和输出变压器的简易检测……44
任务五　半导体器件的识别和检测方法……44
基础知识……44
知识链接 1　常用半导体器件的分类和用途……44
知识链接 2　常用半导体器件的命名方法……46
操作分析……47
操作分析 1　二极管的识别和检测方法……47
操作分析 2　三极管的识别和检测方法……49
技能训练　二极管和三极管的识别与检测……51
项目小结……54
思考与练习……54

项目四　电子实训准备工序……55

任务一　装配工具的使用……55
基础知识……55
知识链接 1　钳口工具……56
知识链接 2　剪切工具……56
知识链接 3　螺钉旋具……57
任务二　导线的加工……59
基础知识……59
知识链接 1　电线和电缆的分类……59
知识链接 2　电线电缆的组成……59
操作分析……60
操作分析 1　绝缘导线加工……60
操作分析 2　屏蔽电缆线加工工艺……62
任务三　元器件引线加工……64
基础知识……64
知识链接　元器件成型工艺要求……64
操作分析……64
操作分析 1　轴向引线型元器件的引线成型加工……64
操作分析 2　径向引线型元器件的引线成型加工……65
技能训练　元器件引线成型……67
项目小结……67
思考与练习……67

项目五　手工焊接技能……68

任务一　焊接材料与工具的选用……68
基础知识……68
知识链接 1　焊接材料的选用……68
知识链接 2　手工焊接工具——电烙铁的选用与维护……69
操作分析……71
操作分析 1　电烙铁的选用……71
操作分析 2　电烙铁的拆装……71
操作分析 3　电烙铁的检测……72
操作分析 4　电烙铁的正确使用……72
任务二　手工焊接基本技能……74
基础知识……75
知识链接 1　手工焊接的基本条件……75
知识链接 2　焊点形成……75
操作分析……76
操作分析 1　手工焊接操作要领……76
操作分析 2　手工焊接操作步骤……77
操作分析 3　印制电路板上导线焊接技能……78
任务三　元器件插装与焊接……81
基础知识……82
知识链接 1　印制电路板概述……82
知识链接 2　印制电路板元器件插装工艺要求……82
知识链接 3　连接方式……83
操作分析……83
操作分析 1　元器件的插装焊接……83
操作分析 2　导线与端子的焊接……85

任务四　焊接质量的鉴别与拆焊技术……89
基础知识……90
知识链接 1　焊点的要求及外观检查……90
知识链接 2　常见焊点缺陷分析……90
操作分析……91
操作分析 1　焊点的检查……91
操作分析 2　拆焊技能……91
综合训练　模拟警铃功能电路的制作……95
拓展训练　数字钟的制作……98
项目小结……101
思考与练习……102

项目六　简单电子电路工艺识图……103
任务一　电原理图识读……104
基础知识……104
知识链接 1　电路符号识读……104
知识链接 2　电子电路图识读的基本方法……106
操作分析……108
操作分析 1　单元电路的解读……108
操作分析 2　方框图解读……112
技能训练　AM/FM 收音机电路图解读……113
任务二　印制板电路图识读和测绘……114
基础知识……114
知识链接 1　印制电路图的种类……114
知识链接 2　印制电路图的特点……116
操作分析……117
操作分析 1　画出电原理图草图……117
操作分析 2　绘制出正确的电原理图……117
任务三　简单工艺文件识读……119
基础知识……119
知识链接 1　工艺文件的重要性……119
知识链接 2　简单工艺文件识读……121
项目小结……125
思考与练习……126

项目七　简单电子产品装配实例……127
任务一　直流稳压电源……127
基础知识……128
知识链接 1　稳压电源概述……128
知识链接 2　直流稳压电源电路解读……128
操作分析……129
操作分析 1　稳压电源的装配准备工序……129
操作分析 2　元器件的插装和焊接……130
操作分析 3　组件加工安装……130
操作分析 4　整机安装……132
操作分析 5　稳压电源的调试工艺……133
任务二　指针式万用表的装配……134
基础知识……135
知识链接 1　指针式万用表的测量原理简介……135
知识链接 2　MF50 型万用表的测量功能……135
操作分析……137
操作分析 1　准备工序……137
操作分析 2　元器件焊接……137
操作分析 3　导线焊接……138
操作分析 4　总装……139
操作分析 5　检验……140
操作分析 6　常见故障检测方法……140
任务三　AM/FM 收音机的装配……144
基础知识……145
知识链接 1　AM/FM 收音机信号流程……145
知识链接 2　红灯 753—BY 收音机的工作原理……146
操作分析……148
操作分析 1　红灯 753—BY 收音机装配……148
操作分析 2　红灯 753—BY 收音机调试……152
项目小结……153
思考与练习……154

附录 A　常用元器件的电路图形符号新旧对照表……155

附录 B　常用元器件的新旧文字代号对照表……159

参考文献……160

项目一

电子产品装接操作安全

在电子整机产品的装接过程中，我们会接触到很多复杂的电子元器件和设备，如果操作不当，很可能带来危险。统计资料表明：我国每年因触电而死亡的人数，约占全国各类事故总死亡人数的10%，仅次于交通事故。因此，遵守安全文明操作规程是每个操作人员的责任，它涉及家庭、实验室及其他公共场所等许多方面。在进入电子技能实训时，首先必须学习并严格遵守本岗位的安全文明操作规程。

知识目标

◉ 了解电流对人体的作用及伤害程度。

◉ 明确安全用电意义，掌握防止触电的保护措施。

技能目标

◉ 熟知电子装接安全文明操作规程，并严格按规程进行操作。

任务一　安全用电常识

基础知识

电能被广泛应用于工农业生产及日常生活中，但是它对人类构成了极大威胁也是显然的，如果用电不当或管理不善将会对人体造成伤害，毁坏用电设备，还会引起火灾。因此，用电安全是至关重要的。

安全用电包括两个方面：一是用电时要保证人身的安全，防止触电；二是保证用电线路及用电设备的安全，避免遭受损坏等。用电安全首先是人身安全。

由于人体是导电体，因此人体接触带电部位而构成电流回路时，就会有电流流过人体，流过人体的电流会对人体的肌体造成不同程度的伤害，这就是通常所说的触电，也称电击。

知识链接 1  电流对人体的作用

决定电击强度的是电流而不是电压。电流通过人体引起心室纤维性颤动是导致触电死亡的主要原因，当然要产生电流必须要有电压，但决定效果的是阻碍电流的电路。电流对人体伤害的严重程度一般与以下几个因素有关。

（1）通过人体电流大小。实验资料表明，如果有 $I \leq 5\text{mA}$ 的交流电（$f=50\text{Hz}$）流经人体时，人就会有刺麻等不舒服的感觉；当10mA～30mA的电流流过人体，人便会产生麻痹感，难以忍受，这时，人体已不能自主地摆脱带电体；若电流达到50mA以上，就会引起心室颤动而有生命危险，甚至致人死亡。

（2）电流通过人体的时间。

（3）人体触电电压高低。当人体接近高压时，就会产生感应电流，电压越高，感应电流就越大。所以，人体接触的电压越高就越危险。

在国标 GB3805—83 中，安全电压是为防止触电事故而采用的有特定电源供电的电压系列。该系列的上限值是指，在任何情况下，两导体间不得超过交流（50Hz～500Hz）有效值 50V。根据国标规定，我国安全电压额定值的等级为 42V、36V、24V、12V、6V。由于人体电阻并非定值，因此必须注意 42V、36V 等电压并非绝对安全。

（4）通过人体电流的频率。低频的交流电（特别是 f= 50Hz 交流电）危险大于直流电，因为交流电主要是麻痹并破坏人体的神经系统。

（5）不同人群以及人体在不同环境下电阻值的差异。各种不同的人群触电所造成的危害是不同的，这是由于不同人体的电阻不同，所流经的电流也不同。

人体电阻不仅与身体自然状况和身体部位有关，而且与环境条件等因素以及接触电压大小有很大关系。

（6）电流流经人体的部位。人体中最忌电流通过的部位是心脏和中枢神经，因此电流从人体的手到手、从手到脚都是危险途径。

知识链接 2  触电方式

人体触电方式主要有单相触电、两相触电、跨步电压触电、接触电压触电等。

1. 单相触电

单相触电是指人体某一部分触及一相电源或接触到漏电的电气设备，电流通过人体流入大地，造成触电。触电事故中大部分属于单相触电，如图 1.1.1 所示。

2. 两相触电

人体的两相触电如图 1.1.2 所示。这时人体的不同部位同时触及某电源的两相导线，电流从一根导线通过人体流向另一根导线，这是危险性更大的触电形式。

图 1.1.1　单相触电

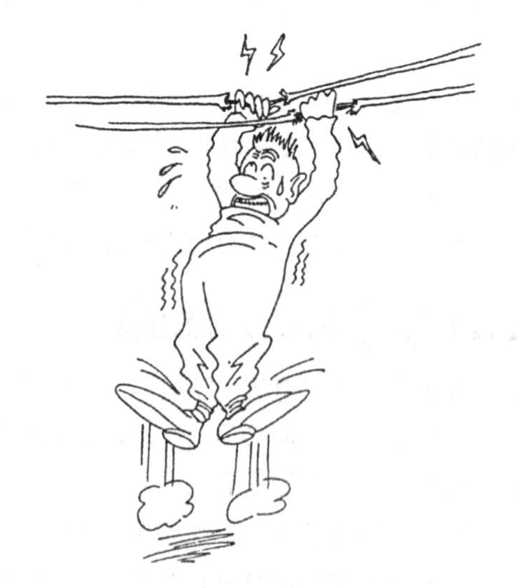

图 1.1.2　两相触电

3. 跨步电压触电

当带电体有电流流入地下（架空线的一相线断落在地上）在地面形成不同的电位，人在接地

点周围两脚之间就会有电压差，即为跨步电压触电，如图 1.1.3 所示。

4. 接触电压触电

人体与电气设备的带电外壳接触而引起的触电为接触电压触电，如图 1.1.4 所示。

图 1.1.3 跨步电压触电

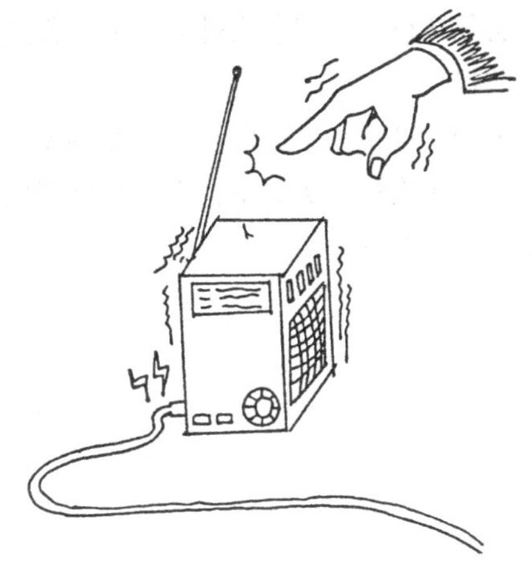

图 1.1.4 接触电压触电

知识链接 3  安全用电

在供电及使用电的过程中必须注意安全用电。无数的事故教训告诉人们，任何思想麻痹大意都是造成人身触电事故的主要因素。安全用电必须要做到以下几点。

（1）任何电气在无法证明无电的情况下都认为有电。不盲目信任开关和控制装置，不要依赖绝缘来防范触电。

（2）若发现电源线插头或电线有损坏应立即更换。严禁乱拉临时电线，如需要则要用专用橡皮绝缘线而且不得低于 2.5m，用后应立即拆除。

（3）尽量避免带电操作，湿手更应禁止带电操作。

（4）不得带电移动电器设备。将带有金属外壳的电气设备移至新的位置时，首先要安装接地线，检查设备完好后才能使用。

（5）移动电器的插座，要带有保护接地装置。严格禁止用湿手去碰灯头、开关和插头。

（6）不得靠近落地电线。对于落地的高压线更应远离落地点在 10m 以上，以免跨步触电。

（7）当电器设备起火时，应立即切断电源，并用干粉灭火器进行扑灭。

安全用电的 7 个要点需熟记，并在操作过程中严格遵守。对于不熟悉的电器设备应做到先检查是否带电，然后再检查开关、绝缘等情况。

知识链接 4  基本安全措施

（1）建立健全实训室规章制度并严格执行。

（2）实训室电源符合国家电气安全标准。

（3）实训室总电源必须装有漏电保护开关。

（4）实训室工作台上必须安装便于操作控制电源的总开关。

（5）学生必须树立安全用电的观念，养成安全用电的习惯。

任务二　文明操作规程

实训场地清洁明亮，实训设备布局合理，并悬挂安全文明操作规程或规章制度。在实训过程中，必须严格按照工艺文件和工艺规程进行文明操作，这是保证实训质量和电子整机产品装配质量的前提。

电子实训室安全文明操作规程主要有以下几方面。

（1）学生进入实训室，必须做好课前准备工作，与实训无关的其他物品不得带入实训室，如图 1.2.1 所示。

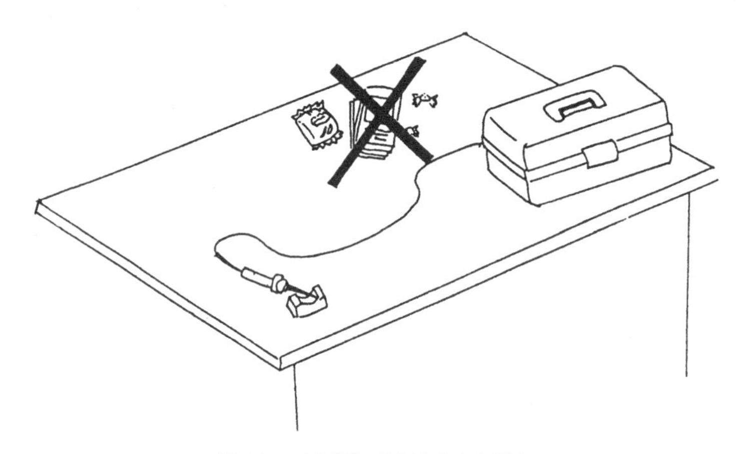

图 1.2.1　无关物品不得带入实训室

（2）实训时不得在实训室内随意打闹，不得做与实训无关的事情。不得离开工位，不得请他人或代他人加工工件，如图 1.2.2 所示。

图 1.2.2　不能随意打闹

（3）严格遵守文明操作规程，不得擅自开启电源。在没有辅导老师的同意及指导下，不得带电操作，如图 1.2.3 所示。

（4）在电子产品装接过程中，使用电烙铁或电热风枪前，必须对电源线、电源插座、手柄等进行安全检查，发现有松动或损坏应立即进行更换，如图 1.2.4 所示。实训时电烙铁应放在烙铁架上，并置于实训台的右前方。

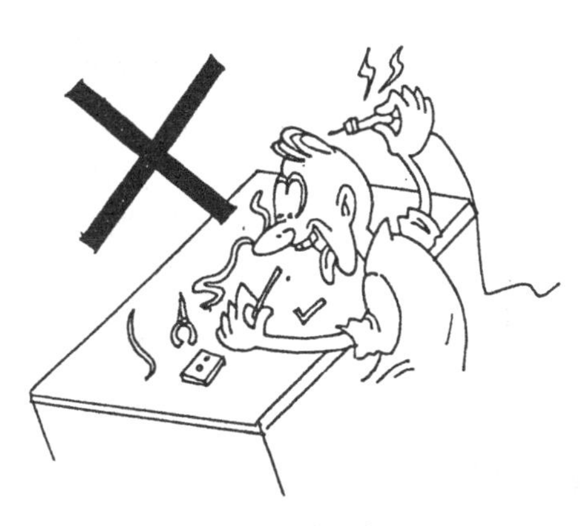

图 1.2.3　不得擅自开启电源

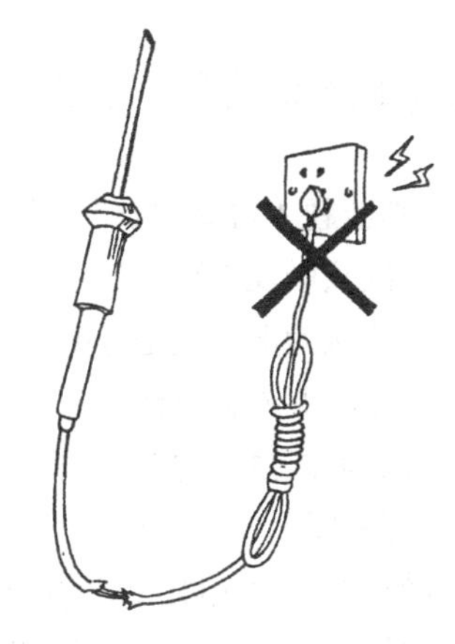

图 1.2.4　用电操作前必须检查用电设备

（5）实训时应将所要使用的工具放置在工作台的指定位置，不使用的工具放入工具箱并将工具箱放置在工作台的左前方或工作台下。

（6）实训场地及实训台上应保持干净整洁。各种垃圾应随时放入指定垃圾桶中。

（7）在使用机械工具时应避免因操作不当而引起的机械损伤事故，使用电烙铁时要防止烫伤，如图 1.2.5 所示。

图 1.2.5　防止烫伤和机械损伤

（8）制作工件时应仔细认真，工件应轻拿轻放，防止工件磕碰以免损坏。

（9）在实训结束时，必须切断所有电源。然后清洁工作台面、清除垃圾、保持工具整洁。所有被移动过的仪器设备必须恢复原状。离开实训室前应关闭门、窗。

项目小结

（1）遵守安全文明操作规程是每个操作人员的责任。

（2）安全用电包括人身的安全和用电线路及用电设备的安全，首先是人身安全。

（3）电流流过人体时对人体内部造成生理机能的伤害，也就是通常所说的触电。

（4）决定电击强度的是电流而不是电压。而电流对人体的伤害程度取决于电流流经人体的电流大小、频率、作用时间和部位，以及人体接触电压的大小等几方面的因素。

（5）常见的触电方式有单相触电、两相触电、跨步电压触电和接触电压触电。其中最常见的是单相触电和接触电压触电。

（6）在实训过程中，必须严格遵守安全文明操作规程。

只要用电就存在危险，侥幸心理是事故的催化剂，投向安全的每一分精力和物质永远保值。

思考与练习

一、判断题（对写“√”，错写“×”）

1. 一次只触及电路中的一根导线是安全的。（ ）
2. 即使认为电烙铁是冷的，也只应拿烙铁柄。（ ）
3. 站在潮湿或金属地板上时，不要接触电气设备。（ ）
4. 决定电击强度的是电压。（ ）

二、简答题

1. 触电电流对人体伤害的严重程度一般与哪些因素有关？
2. 常见的触电方式和原因有哪些？
3. 多少毫安（mA）电流流过人体，人体就不能自主地摆脱带电体？多少毫安（mA）电流流过人体则有生命危险？

项目二

简单钳工操作技能

钳工是机械制造加工中的一个重要工种，它主要是通过使用手用工具在台虎钳上进行装配、调试、维修中不能用机械加工方法完成的工序。钳工在电子整机产品装接、调试、维修等方面发挥着作用，只有掌握了钳工基本操作技能，才能成为一名合格的电子装接、调试、维修技术工人。

知识目标

- 了解钳工操作的内容、设备及简单量具的用途。
- 明确钳工安全操作的注意事项。
- 知道锉削、钻孔、扩孔等基本方法和要求。

技能目标

- 学会正确使用钳工量具和设备。
- 能按工艺要求对工件进行锉削、钻孔、扩孔等。

任务一　钳工操作基础知识

钳工是利用各种手用工具以及一些简单设备来完成目前机械加工不太适宜或不能完成的工作。随着电子产品的日益发展，钳工操作已成为电子装接工不可缺少的一种基本技能。

基础知识

知识链接 1  **钳工操作内容**

钳工操作主要包括：划线、錾削、锉削、锯削、钻孔、扩孔、锪孔、铰孔、攻螺纹、套螺纹、刮削、研磨、矫正、弯形、装配、修理、测量等工序。作为电子专业的学生，必须掌握上述钳工基本操作技能。

知识链接 2 **钳工操作设备**

1. 工作台（钳台）

钳台是钳工专用的工作台，是用来安装台虎钳、放置工具和工件的，其高度为 800mm～900mm，长度和宽度可随工作需要而定，如图 2.1.1（a）所示。台虎钳装在台面上，高度恰好与人的肘部相等，如图 2.1.1（b）所示。

钳台要保持清洁，各种工具、量具和工件的放置要有秩序，便于操作和保证安全。

2. 台虎钳

台虎钳是一种安装在工作台上夹持工件用的工具，有固定式和回转式两种结构类型，如图 2.1.2 所示。图 2.1.2（b）所示为回转式台虎钳，由于使用方便，故广泛采用。

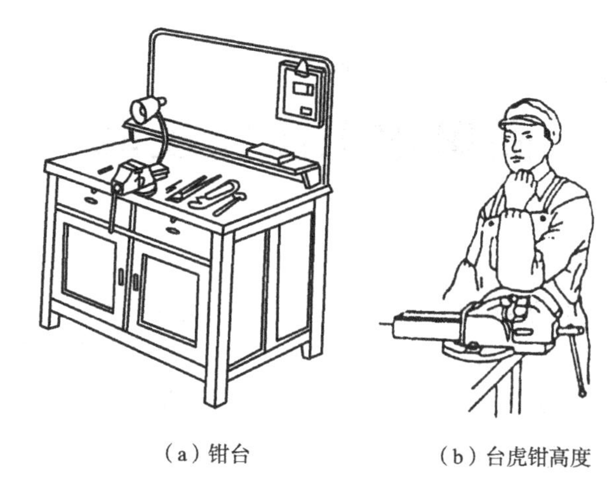

（a）钳台　　（b）台虎钳高度

图 2.1.1　钳台及台虎钳的适宜高度

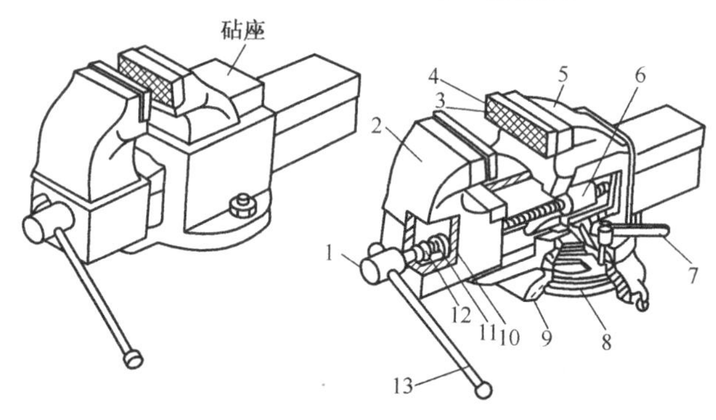

（a）固定式台虎钳　　（b）回转式台虎钳

1—丝杆　2—活动钳身　3—螺钉　4—钳口　5—固定钳身　6—螺母

7—手柄　8—夹紧盘　9—转座　10—销　11—挡圈　12—弹簧　13—手柄

图 2.1.2　台虎钳

台虎钳的规格是以钳口的宽度表示，常用的有 100mm、125mm、150mm 等。

3. 砂轮机

砂轮机是用来刃磨钻头、錾子、刮刀等刀具和其他工具的专用设备，由电动机、砂轮和机体组成，如图 2.1.3 所示。砂轮的质地硬而脆，转速较高，使用时应遵守安全操作规程，严防产生砂轮破裂，避免造成人身事故。

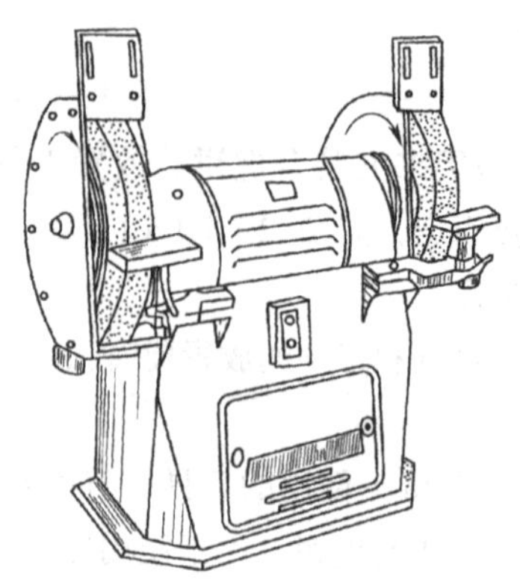

图 2.1.3　砂轮机

知识链接 3 简单工量具

在企业产品生产过程中，人们常说“按图纸要求加工”。那么怎样把图纸上的各种形状尺寸、形位公差等技术要求在实际零件上准确地体现出来呢？显然，技术工人只有借助相应的测量器具对所加工的产品和零件的尺寸、形状进行监控，才能保证零部件和产品的质量符合设计、装配工艺要求。这种用来测量和检验产品的尺寸、形状或性能的工具称为量具。

1. 长度计量单位

我国采用国际单位作为长度计量单位。主单位为米（m），常用单位有毫米（mm）和微米（μm）。

$$1m=1\times10^3mm=1\times10^6\mu m$$

也有些设备应用非法定长度计量单位，即英制。英制长度计量单位以英寸（in）为常用单位。

1 英尺(ft)=12 英寸(in)，1in=25.4mm

2. 量具的类型

量具的种类很多，钳工操作中经常使用的量具有钢直尺、90° 角尺、游标卡尺、千分尺、卡钳、塞尺等。

3. 钢直尺

钢直尺是一种最简单的长度量具，如图 2.1.4 所示，主要用来测量工件的长度、宽度、高度等。它的规格通常按其长度区分，常用的钢直尺为 150mm、300mm、500mm、600mm、1 000mm 等。尺面上最小刻线一般为 1mm 或 0.5mm，满 10mm 刻上 1（即 1cm）。由于钢直尺刻线最小格为 1mm 或 0.5mm，所以用它测量零件，测量误差较大，不能用于精确测定。

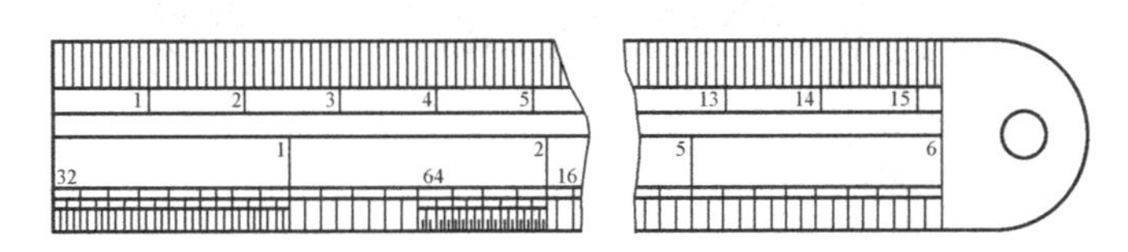

图 2.1.4 钢直尺

4. 游标卡尺

游标卡尺是一种中等精度的量具，它可用来直接测量工件的内外直径、宽度、长度等。

如图 2.1.5 所示为一种常用的轻巧型游标卡尺。上端两爪可测量孔径、孔距、槽宽等；下端两爪可测量外圆、外径、外形长度等；卡尺的背面还有一根细长的测深杆，用来测量孔和沟槽的深度。

游标卡尺的读数值（测量精度）是指尺身（主尺）与游标（副尺）每格宽度之差。按其测量精度分，游标卡尺有 0.1mm、0.05mm、0.02mm 3 种。如图 2.1.6 所示为读数值为 0.1mm 的游标卡尺，下面就以此为例，简述游标卡尺的刻线原理和读数方法。

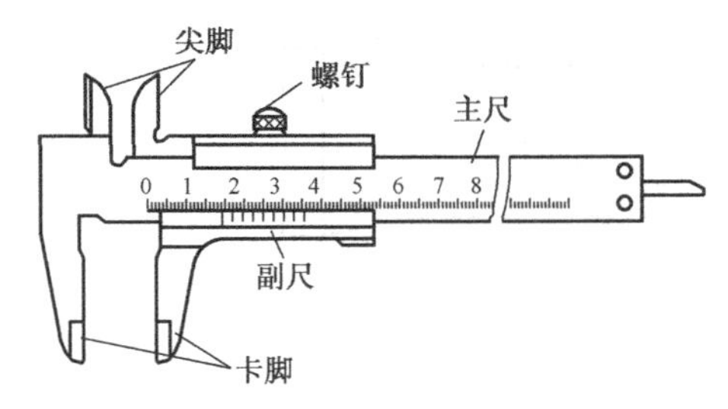

图 2.1.5 轻巧型游标卡尺

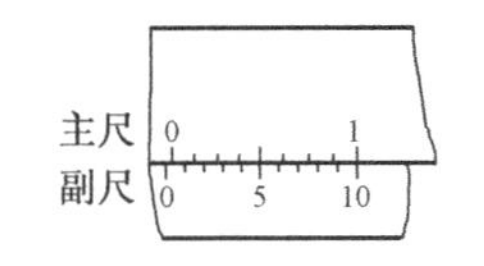

图 2.1.6 0.1mm 游标卡尺

（1）游标卡尺的刻线原理。如图 2.1.6 所示的游标卡尺的尺身上面每小格为 1mm，当两爪合并时，尺身的 9 格（9mm）在游标上等分 10 格，所以，尺身和游标每格相差 1mm−(9÷10)= 0.1mm。

（2）游标卡尺的读数方法如下。

① 读出游标上零线在尺身上的毫米数。

② 读出游标上哪一条刻线与尺身对齐。

③ 把尺身和游标上的两个尺寸加起来，即为测量尺寸。

如图 2.1.7 所示为 0.1mm 游标卡尺读数示例。

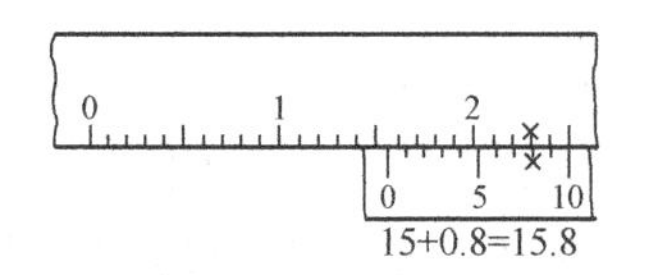

图 2.1.7　0.1mm 游标卡尺读数示例

5. 千分尺

千分尺是一种精密量具，其测量精度比游标卡尺高，可达到 0.01mm。千分尺按用途不同可分为外径千分尺、内径千分尺和深度千分尺。外径千分尺是最常用的一种，其结构如图 2.1.8 所示。

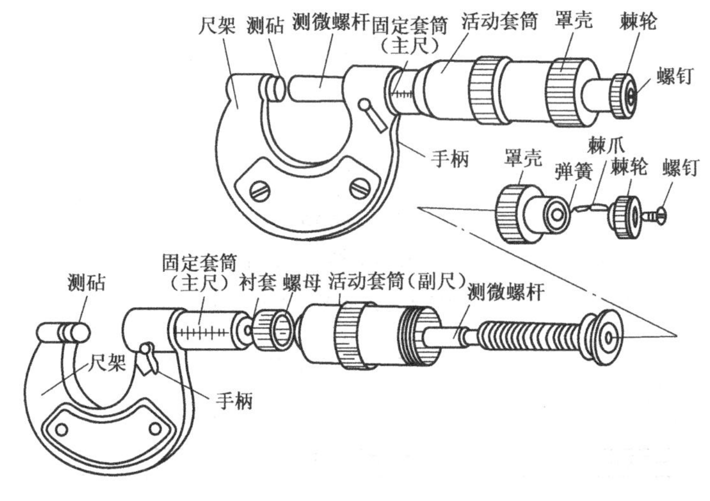

图 2.1.8　外径千分尺

（1）千分尺的刻线原理。活动套筒（微分筒）上的刻线在圆周上共有 50 格，固定套管上的刻线每一格为 0.5mm，即微分筒旋转一周，测微螺杆移动 0.5mm。所以，当微分筒每转一格，测微杆就轴向移动 0.5mm÷50=0.01mm。

（2）千分尺的读数方法如下。

① 读出微分筒边缘在固定套管上所显示的最大尺寸，即被测尺寸的毫米数和半毫米数。

② 读出微分筒上哪一格对齐固定套管上的基准线，即半毫米以下的数值。

③ 把两个读数相加即得到千分尺实测尺寸，读法示例如图 2.1.9 所示。

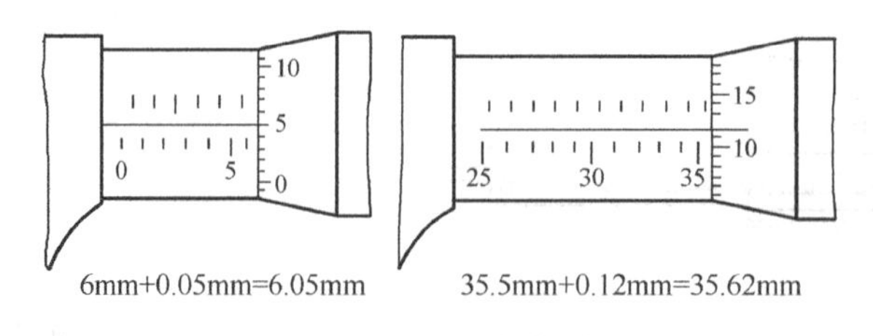

图 2.1.9　千分尺读数示例

操作分析 1 游标卡尺的使用方法

（1）游标卡尺是一种中等精度的量具，只适用于中等精度零件的测量。

（2）测量前，先把游标卡尺擦拭干净；检验卡脚紧密贴合时是否有明显缝隙；检查尺身和游标的零位是否对准；最后检查被测量面是否平直无损。

（3）测量工件的外表面尺寸时，卡脚的张开尺寸应大于工件的尺寸，以便卡脚两侧自由进入工件；同样，测量工件的内表面尺寸时，卡脚的张开尺寸应小于工件的尺寸。

游标卡尺使用的常见方法如图 2.1.10 和图 2.1.11 所示。

图 2.1.10 游标卡尺测量外圆直径方法

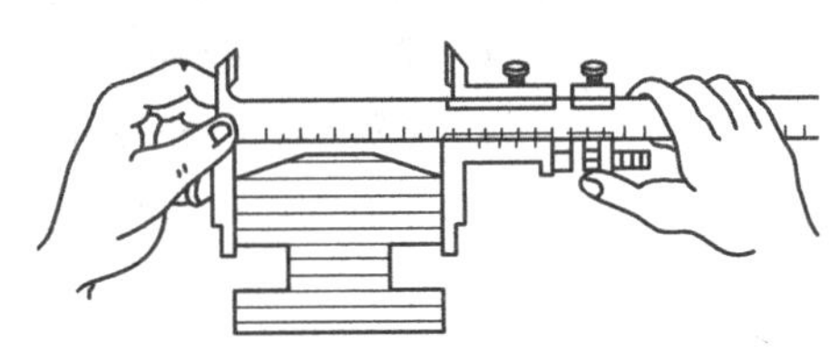

图 2.1.11 游标卡尺测量宽度方法

注意

- 测量工件时，卡脚的两侧面连线应垂直于被测表面。
- 测量工件外表时，尽量用卡脚的平面测量刃进行测量；如果测量弧形沟槽的直径，应用刀口测量刃进行测量。
- 读数时，应尽可能使人的视线与卡尺刻线表面保持垂直，以免造成读数误差。
- 使用游标卡尺时，不允许过分施加压力，以免卡尺弯曲或磨损。

操作分析 2 千分尺的使用方法

用千分尺测量工件时，一般用单手或双手使用，正确使用方法如图 2.1.12 所示。

（1）千分尺测量范围分 0～25mm，25mm～50mm，50mm～75mm，75mm～110mm 等，间隔 25mm。因此，在使用时应根据被测工件的尺寸选择相应的千分尺。

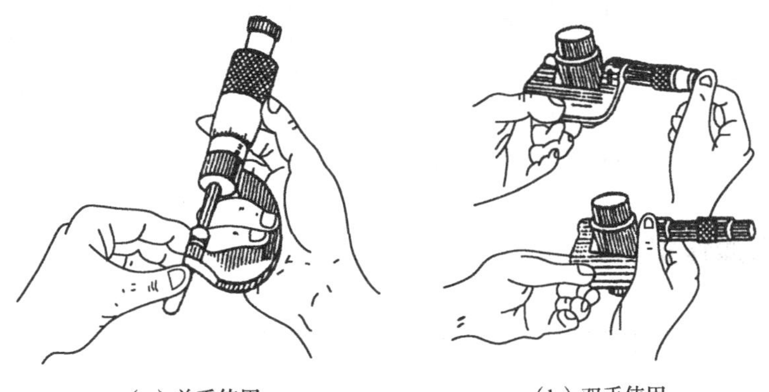

（a）单手使用 （b）双手使用

图 2.1.12 千分尺正确使用

（2）使用前把千分尺测砧端面擦拭干净，校准零线。对 0～25mm 千分尺应将两测量面接触，此时活动套筒上零线应与固定套管上基准线对齐；对其他范围的千分尺则用标准样棒来校准。如果零线不对准，则可松开罩壳，略转套管，使其零线对齐。

（3）测量时，将工件被测表面擦拭干净，并将外径千分尺置于两测量面之间，使外径千分尺测量轴线与工件中心线垂直或平行。

（4）测砧与工件接触，然后旋转活动套筒（副尺），使砧端与工件测量表面接近，这时旋转棘轮盘，直到棘轮发出二三响“咔咔”声时为止，然后旋紧固定螺钉。

（5）轻轻取下千分尺。这时，外径千分尺指示数值就是所测量工件的尺寸。

（6）使用完毕后，应将外径千分尺擦拭干净，并涂上一层工业凡士林，存放在卡尺盒内。

注意

- 禁止重压或弯曲千分尺，且两测量端面不得接触，以免影响千分尺的精度。
- 测量时，千分尺要放正，不得歪斜。
- 不得用它测量毛坯；不得在工件转动时测量工件尺寸；不得把它当做手锤敲物。

技能训练 常用量具的使用

1. 训练目标

（1）了解常用量具的基本结构、作用、原理及特点。

（2）学会常用量具的正确使用方法。

2. 训练器材

游标卡尺、千分尺和工件若干。

3. 训练内容和步骤

（1）写出如图 2.1.13 所示千分尺表示的尺寸。

（2）写出如图 2.1.14 所示游标卡尺（读数值为 0.02mm）表示的尺寸。

（3）分别用千分尺和游标卡尺测出各工件的长度、内外直径，并准确读数，加以记录。

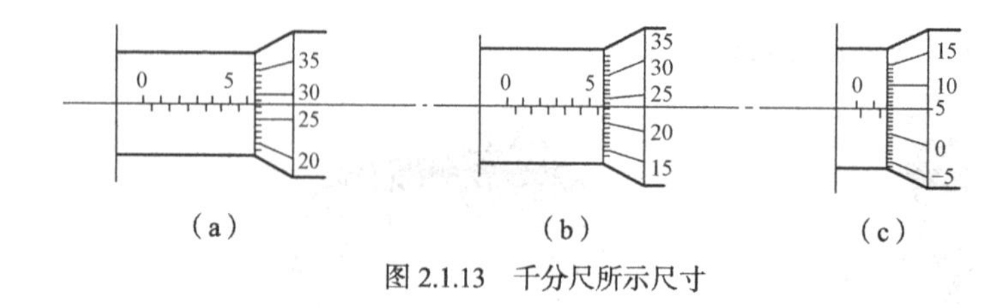

图 2.1.13　千分尺所示尺寸

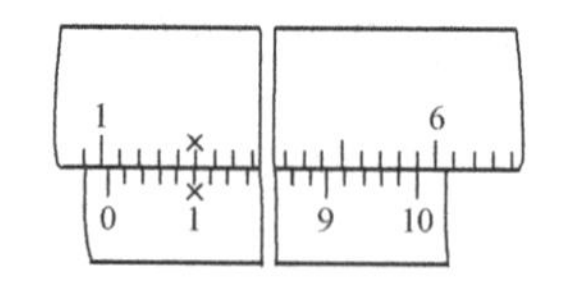

图 2.1.14　游标卡尺所示尺寸

任务二　钳工操作安全

为了保证操作者的人身安全和设备安全，提高劳动生产率和产品质量，在钳工操作中必须重视安全生产和文明生产。

基础知识

知识链接 1  安全操作

（1）操作前必须穿好工作服（上衣袖口必须是紧口的）、工作鞋，戴好工作帽（特别是女同志的头发必须戴在帽内）；在钻孔、磨削时必须戴好防护眼镜。

（2）台虎钳在夹持时要紧固，以免跌落砸伤脚和损伤工件。但在紧固台虎钳手柄时，不允许用手锤敲打和另加管子套，以免损坏台虎钳的螺杆和螺母。

（3）使用的机床和电动工具要经常检查，发现故障应及时保修，在未修复前不得使用。

（4）除使用修整锉刀外，没有手柄的锉刀不允许使用，以免刺伤手掌。

（5）钻孔或扩孔时必须夹紧和放平工件，钻床主轴转速与切削进刀量要选择适当。当孔即将钻通时，切削进给量应逐渐减少，否则会造成工伤事故。使用电钻前必须带好绝缘手套，脚下应垫绝缘板，以免引起触电事故。严禁戴纱手套钻孔，以免引起工伤事故。

知识链接 2 文明操作

（1）经常打扫工位、工场及使用过的设备，保持整洁的工作环境，废料、污物必须倒在指定地点。

（2）量具使用完毕后应擦干净，并在工作面上涂油，存放回盒内。

（3）锉削时要注意保持台虎钳、工件表面、锉刀切削面的清洁，经常刷去铁屑；不允许用口吹、手擦铁屑，以免刺伤手掌和眼睛。

（4）在加工过程中，工件摆放要整齐，严格按类别、型号分类，有利于下道工序的加工。

（5）认真记录操作中的问题，及时反馈给教师和学校主管部门，便于及时改进教学方法，提高教学质量。

任务三　锉削

用锉刀对工件表面进行切削加工，使其尺寸、形状、位置、表面粗糙度等都达到一定要求，这种加工过程叫做锉削。按加工方式，锉削可分为机械锉削和手工锉削。在现代工业生产的条件下，仍有某些零件的加工需要用手工锉削来完成，因此手工锉削仍是钳工的一项重要的基本操作。

基础知识

知识链接 1  锉刀的结构

锉刀的结构如图 2.3.1 所示，它如同一把多刃的切屑工具。锉刀刀背多是齿纹，呈交叉排列，形成许多小刀齿。锉刀的规格以其工作长度表示。

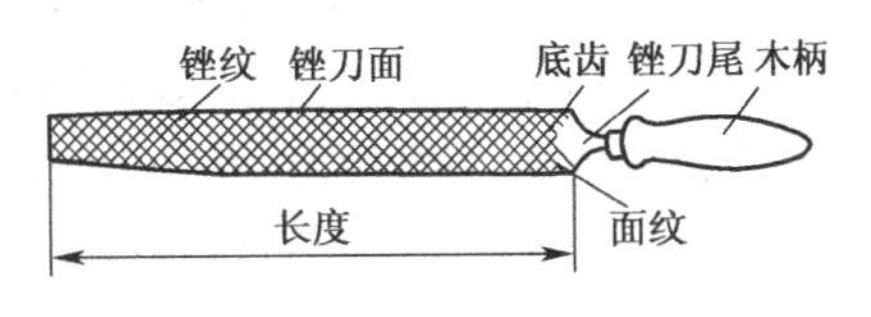

图 2.3.1　锉刀各部分的名称

知识链接 2 锉刀的选择

锉刀种类可分为钳工锉、异形锉和整形锉。异形锉和整形锉又称为什锦锉。

钳工锉按其断面形状的不同，分为齐头扁锉（板锉）、方锉、半圆锉、三角锉、圆锉等，如图 2.3.2 所示。

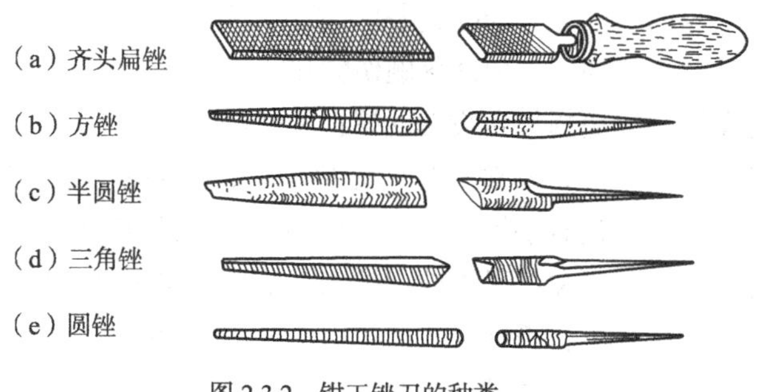

图 2.3.2　钳工锉刀的种类

异形锉用于加工零件的特殊表面，很少应用。

整形锉主要用于加工精细的工件，如模具、样板等，它由 5 把、6 把、10 把或 12 把成一组，如图 2.3.3 所示。

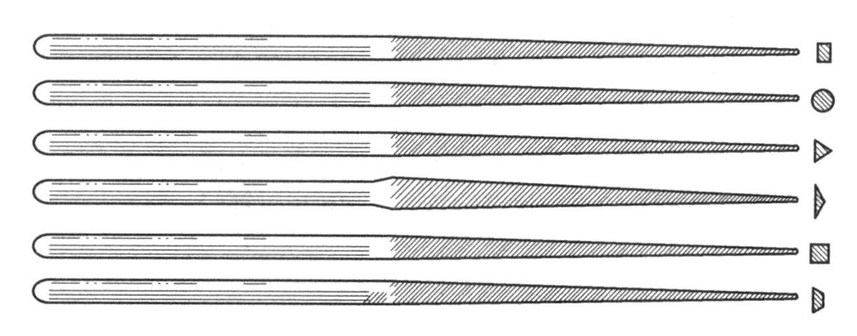

图 2.3.3　6 把一组的整形锉

操作分析

操作分析 1 锉刀的握法

锉刀的握法随锉刀的大小及工件的不同而改变。

较大型锉刀的握法，如图 2.3.4 所示。右手拇指放在锉刀柄上面，手心抵住柄端，其余手指由下而上也紧握刀柄，如图 2.3.4（a）所示。左手在锉刀上的放法有 3 种，如图 2.3.4（b）所示。两手结合起来的握锉姿势如图 2.3.4（c）所示。

中、小型锉刀的握法，如图 2.3.5 所示。握中型锉刀时，右手的握法与握大型锉刀一样，左手只需大拇指和食指轻轻地扶持，如图 2.3.5（a）所示。小型锉刀的握法，除左手大拇指外，其余 4 个手指压在锉刀上面，如图 2.3.5（b）所示。最小型锉刀的握法，只用右手握住锉刀，食指放在上面，如图 2.3.5（c）所示。

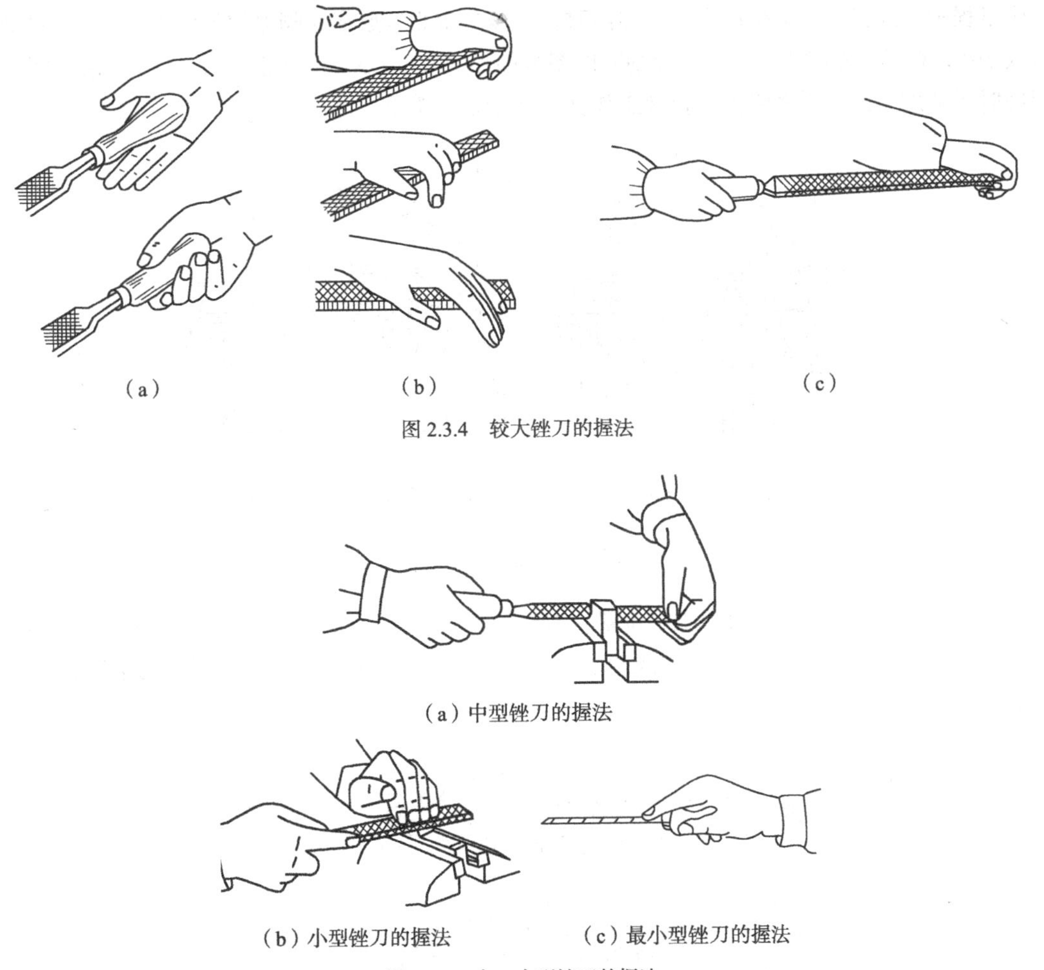

（a）　（b）　（c）

图 2.3.4　较大锉刀的握法

（a）中型锉刀的握法

（b）小型锉刀的握法　（c）最小型锉刀的握法

图 2.3.5　中、小型锉刀的握法

操作分析 2　锉削的姿势和动作

锉削时的站立位置如图 2.3.6 所示。两手握住锉刀放在工件上面，身体与钳口方向约成 45°角，右臂弯曲，右小臂与锉刀锉削方向成一直线，左手握住锉刀头部，左手臂呈自然状态，并在

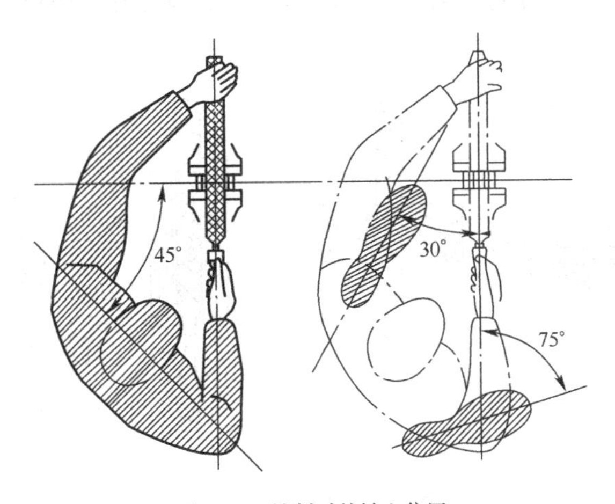

图 2.3.6　锉削时的站立位置

锉削过程中，随锉刀运动稍做摆动。锉削时，身体的重心应放在左脚上约与台虎钳纵向轴线延长线成30°，右脚离左脚为一弓步，锉削时的姿势如图2.3.7所示。向前推锉刀是锉刀切削过程，而返回时无须加力或双手稍将锉刀提离工作面，便于切屑落下。

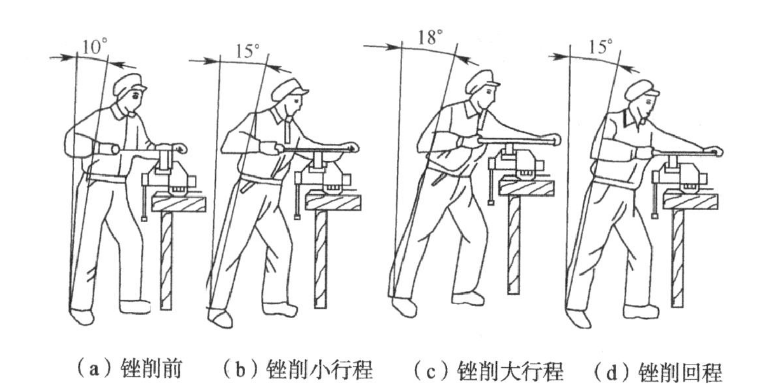

（a）锉削前　（b）锉削小行程　（c）锉削大行程　（d）锉削回程

图2.3.7　锉削时的姿势

锉削时，应始终使锉刀保持水平位置，右手的压力应随锉刀推进逐渐增加；左手的压力随锉刀推进而逐渐减小，否则会将工件锉成两端低、中间凸的鼓形表面。锉削时两手用力情况如图2.3.8所示。

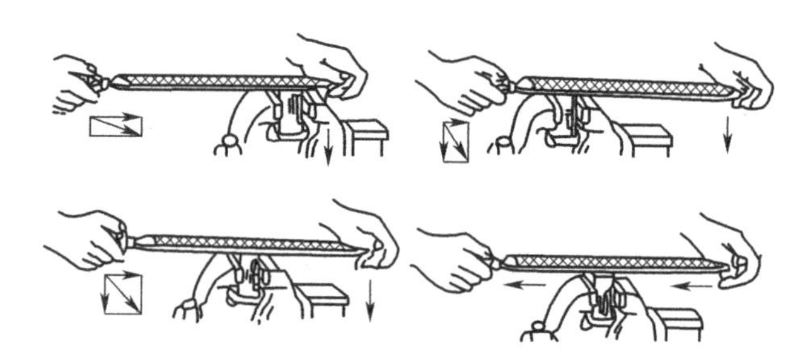

图2.3.8　锉削时两手用力情况

操作分析3  锉削平面的方法

（1）交叉锉法：指从两个方向交叉对工件进行的锉削。该方法一般仅用于粗锉，如图2.3.9（a）所示。

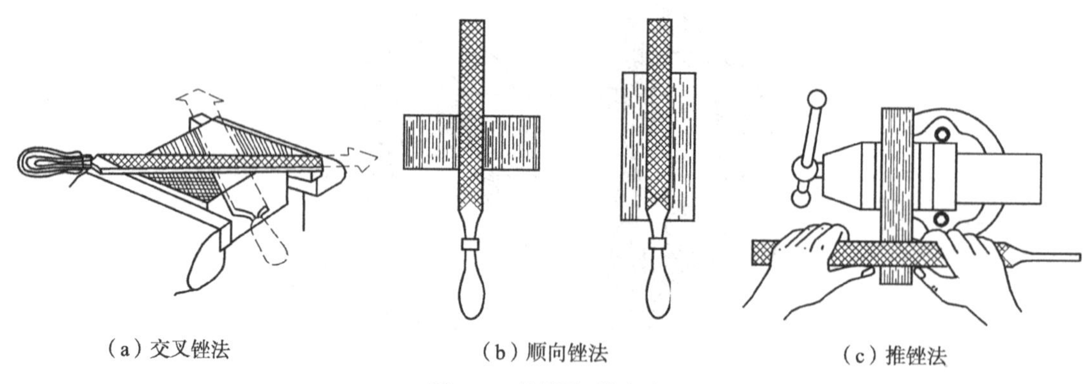

（a）交叉锉法　（b）顺向锉法　（c）推锉法

图2.3.9　锉削平面的方法

（2）顺向锉法：指顺着同一方向对工件进行锉削。该方法是最基本的锉削方法，起锉光工件表面的作用，如图 2.3.9（b）所示。

（3）推锉法：指将锉刀横放，双手握住锉刀并保持平衡，顺着工件推锉刀进行锉削，如图 2.3.9（c）所示。该方法只能对狭长的工件进行修整。

操作分析 4 锉削中常用的测量工具

（1）钢直尺：测量平面和量取尺寸用。

（2）90° 角尺：检查工件垂直角度用，如图 2.3.10 所示。

（3）塞尺：配合 90° 角尺、钢直尺测量锉削平面误差和垂直度误差用，如图 2.3.11 所示。

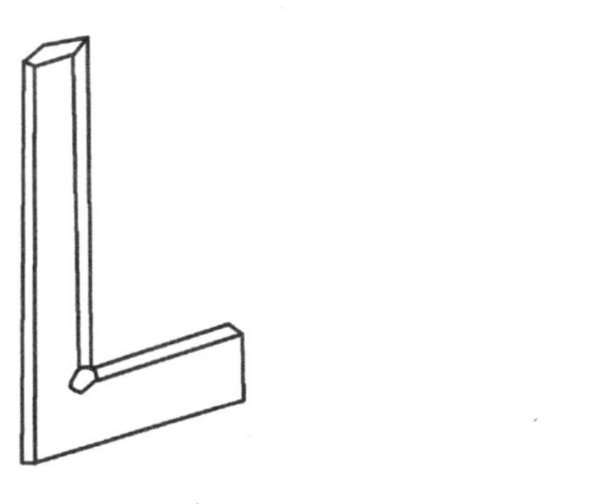

图 2.3.10　90°角尺

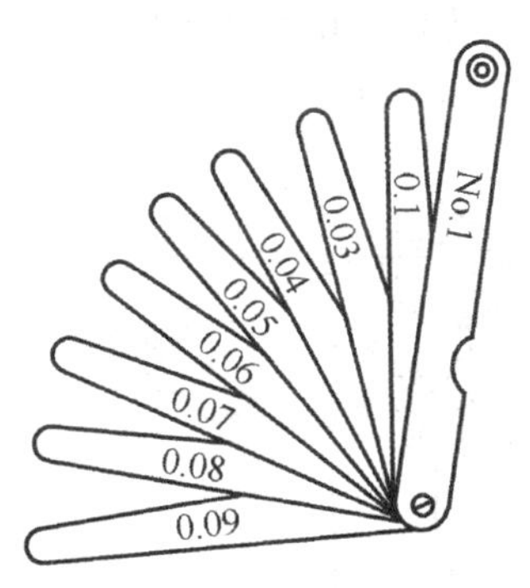

图 2.3.11　塞尺

（4）游标卡尺：测量工件的外形、孔距、孔径、槽宽长度时用，如图 2.3.12 所示。

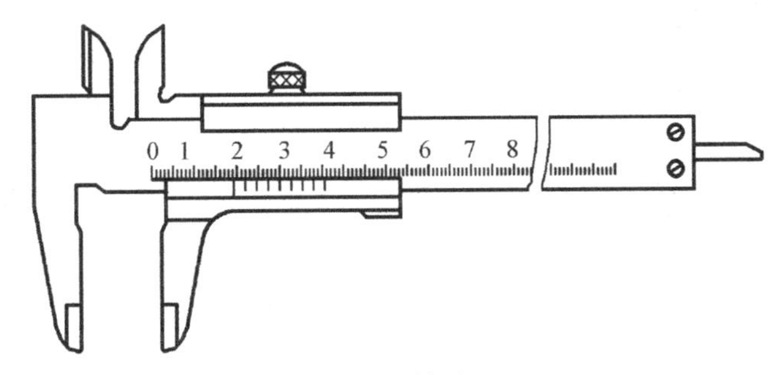

图 2.3.12　游标卡尺

技能训练 锉削和工量具的使用

1. 训练目标

培养学生掌握基本操作技能和对工量具的正确使用。

2. 训练器材

带台虎钳的钳台，粗齿和中齿钳工锉各一把，常用的测量工具一套。

3. 训练内容和步骤

将 60mm×50mm 的圆钢锉削成 40mm×40mm×50mm 的长方体。

任务四　钻孔和扩孔

基础知识

知识链接 1  钻孔

钻孔是电子产品组装中常遇到的一个加工内容，如装配连接的螺钉孔、印制板插装孔等。有些孔是用压制、冲制等方法成形，而另一些孔是用钻头经过钻削后成形。钻孔是用钻头在实体材料上加工孔的一种方法。钳工钻孔有两种方法，一种是在台钻上钻孔，另一种是用电钻钻孔，分别如图 2.4.1 和图 2.4.2 所示。

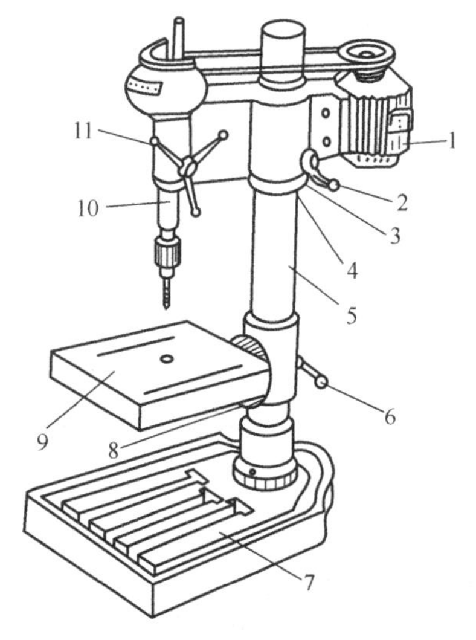

1—电动机　2—手柄　3—螺钉　4—保险环　5—立柱

6—受柄　7—底座　8—螺钉　9—工作台　10—主轴　11—手柄

图 2.4.1　台钻

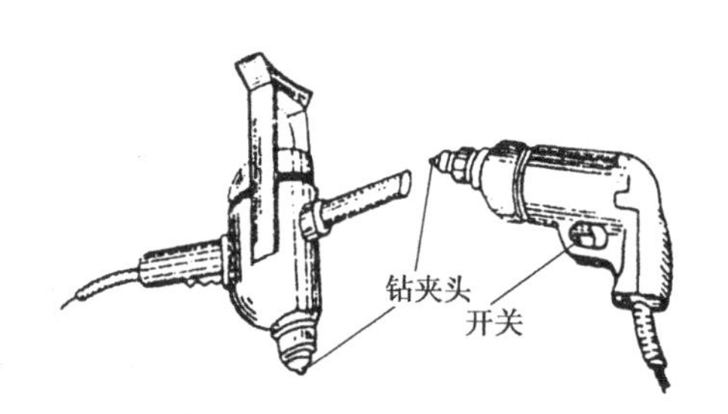

图 2.4.2　手电钻

1. 钻头的结构

钻头是钻削的主要工具。钳工操作中使用的钻头种类繁多，常用的是麻花钻头。钻头的结构如图 2.4.3 所示，它由工作部分和柄部两部分组成，工作部分又由切削部分和导向部分组成，柄部有锥柄和直柄两种，钻头直径小于ϕ13mm 采用直柄，大于ϕ13mm 采用锥柄。

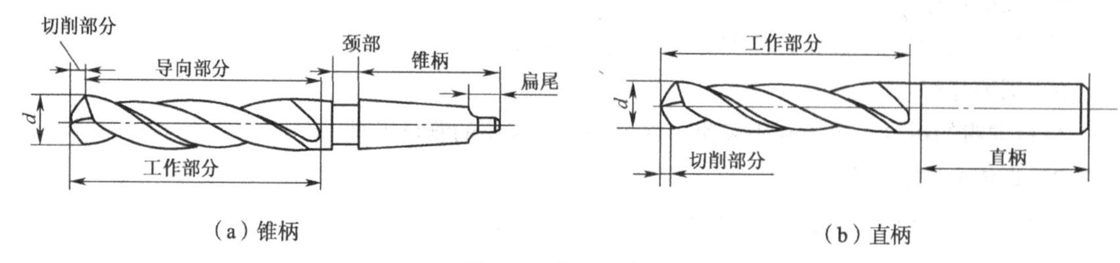

（a）锥柄　　（b）直柄

图 2.4.3　钻头的结构

2. 钻头的材料

麻花钻头一般用高速工具钢，经过铣削、热处理淬硬和磨削制成。

3. 钻头的切削角度

两个主刃组成的角即是钻头顶角，标准净角为 118°±2°，但顶角不是固定不变的，它根据钻孔的材料不同而改变，如图 2.4.4 所示。一般要求麻花钻头在使用前必须检查、修磨角度，以改善切削中存在的问题，提高切削性能。

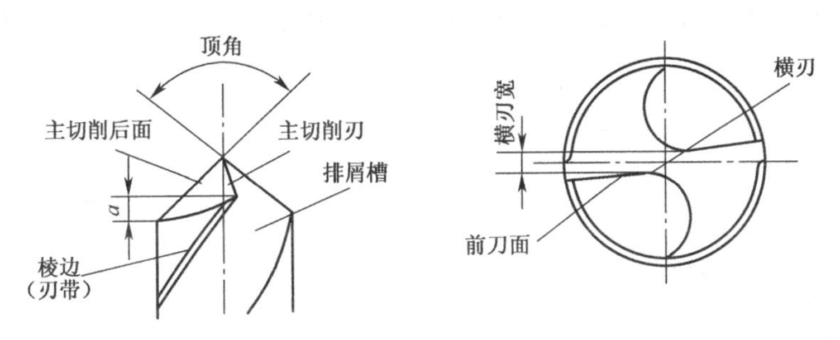

图 2.4.4 麻花钻头的切削角度

知识链接 2 扩孔

扩孔是用扩孔钻对工件上已有孔进行扩大的加工方法，如图 2.4.5（a）所示。扩孔时的背吃刀量 a_p（单位为 mm）为

$$a_p=1/2(D-d)$$

式中：D——扩孔后直径（mm）；

d——预加工孔直径（mm）。

1. 扩孔钻

扩孔钻由工作部分、颈部和柄部组成。工作部分又分切削部分和导向部分。工作部分有 3～4 条螺旋槽，将切削部分分成 3～4 个刀瓣，形成了切削刃和前刀面，如图 2.3.5（b）所示，增加了切削的齿数，提高了导向性能。工作部分螺旋角较小，使钻心处的厚度增加，提高了切削的稳定性，改善了扩孔加工的切削条件。

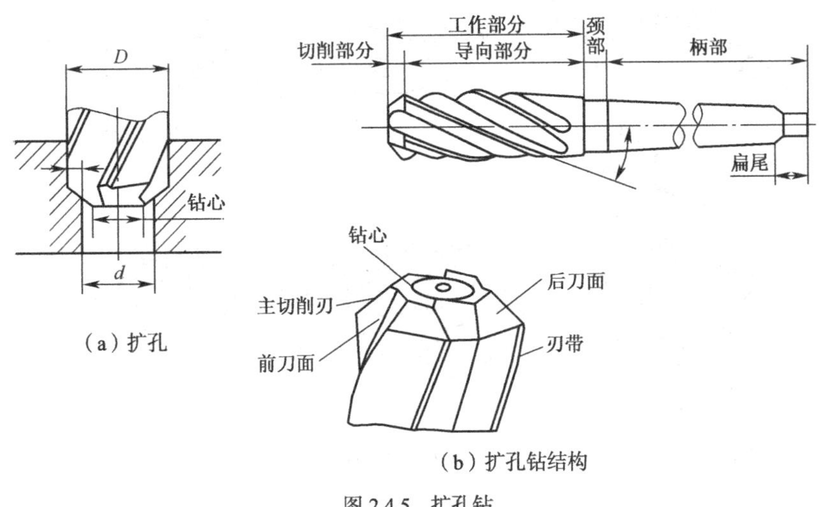

图 2.4.5 扩孔钻

2. 扩孔加工的特点

扩孔加工与钻孔相比有如下特点。

（1）扩孔钻中间无横刃，中间不参加切削，可避免因横刃引起的一些不良影响。

（2）扩孔时的吃刀量较小，切屑易排出，不易擦伤已加工面。

（3）扩孔钻强度高，导向性好，切削稳定，可增大切削用量，提高刀具的使用寿命、生产效率和孔的加工质量。

（4）扩孔常作为半精加工。在实际生产中，一般用麻花钻替代扩孔钻使用。扩孔钻多用于成批大量生产。

操作分析

操作分析1 钻孔方法

1. 工件的装夹

（1）钻孔时，工件的装夹方法应根据钻削孔径的大小及工件形状来决定。

（2）一般钻削直径小于8mm的孔时，可用手握牢工件进行钻孔。

（3）若工件较小，可用手虎钳夹持工件钻孔，如图2.4.6（a）所示。

（4）长工件可以在工作台上固定一物体，将长工件紧靠在该物体上进行钻孔，如图2.4.6（b）所示。

（5）在较平整、略大的工件上钻孔时，可夹持在机用平口虎钳上进行，如图2.4.6（c）所示。若钻削力较大，可先将机用平口虎钳用螺栓固定在机床工作台上，然后再钻孔。

（6）在圆柱表面上钻孔时，应将工件安放在V形块中固定，如图2.4.6（d）所示。

（7）钻孔直径在10mm以上或不便使用机用平口虎钳装夹的工件用压板夹持，如图2.4.6（e）所示。

（8）在圆柱工件端面钻孔时可选用三爪自定心卡盘来装夹，如图2.4.6（f）所示。

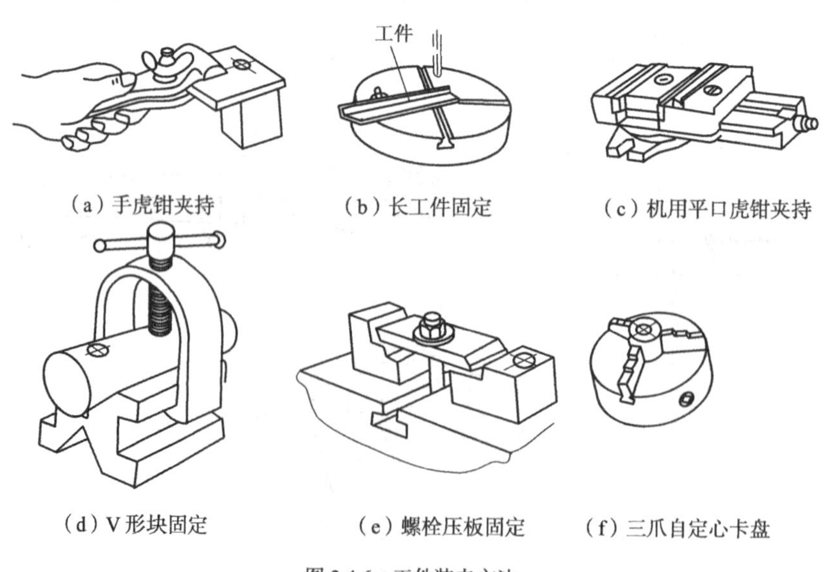

（a）手虎钳夹持　（b）长工件固定　（c）机用平口虎钳夹持

（d）V形块固定　（e）螺栓压板固定　（f）三爪自定心卡盘

图2.4.6 工件装夹方法

2. 划线后直接进行钻孔

在钻孔时首先将钻头中心对准冲眼，先试钻一个浅孔，检查两个中心是否重合，如果完全一致就可继续钻孔；如果发现误差则必须纠正，使两个中心重合后才能钻孔。

3. 钻孔的切削量

钻孔的切削进给量是根据工件材料性质、切削厚度、孔径大小而确定的。如果选用不当，将会给操作者带来危害及设备事故，特别要注意孔即将穿通时的进给量大小。钻深孔时要经常把钻头提拉出工件的表面，以便及时清除槽内的钻屑。

操作分析 2 钻孔时的注意事项

（1）工件紧固牢靠，钻头刀刃及几何角度正确、合适，钻孔前应尽量减小进给力。

（2）钻头松紧必须用专用钥匙。

（3）快穿孔时应减小进刀量，自动进刀时，最好改为手动。

（4）钻孔时，若钻头温度过高应加冷却润滑液。

（5）清理切屑时，不许用手，应用刷子来清除。

（6）停机时，应让主轴自然停止，不可用手指去刹住。

（7）不能戴手套操作，袖口必须扎紧，女工必须戴工作帽。

（8）严禁在开机状态下装拆工件或检验工件。变换主轴转速时，必须在停机状态下进行。

技能训练 钻孔和扩孔技能

1. 训练目标

培养学生掌握钻孔、扩孔等基本操作技能。

2. 训练器材

带台虎钳的钳台，钻头、钻床，钢直尺。

3. 训练内容和步骤

（1）在实训工件上，按图 2.4.7 所示要求进行钻孔。

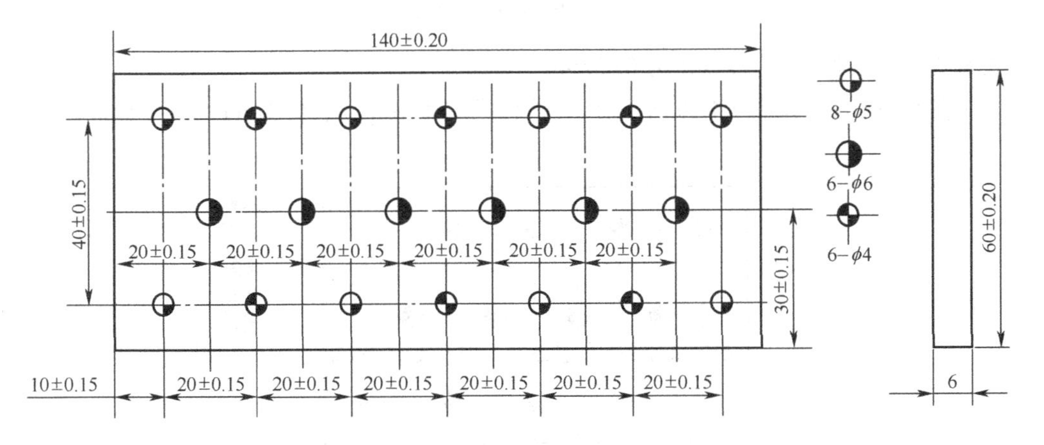

图 2.4.7 钻孔图样

（2）在实训工件上，按图 2.4.8 所示要求进行扩孔。

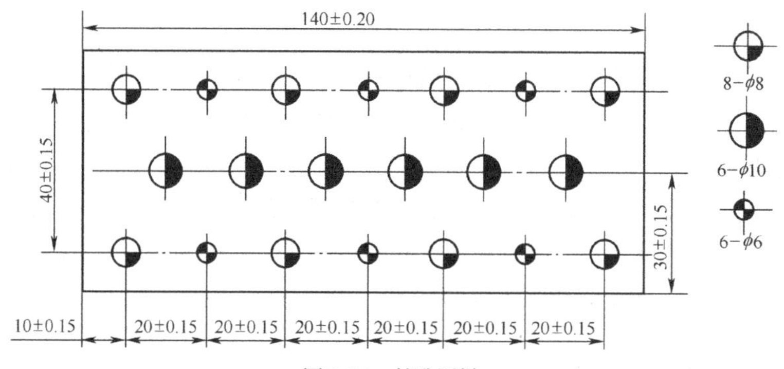

图 2.4.8　扩孔图样

训练评价

1. 训练目标

培养学生掌握锉削、钻孔、扩孔等基本操作技能和对钳工量具的正确使用，为电子整机产品的装配打下良好的基础。

2. 训练器材

带台虎钳的钳台，6mm×65mm×105mm 实训工件一块，粗齿和中齿钳工锉各一把，钻头、钻床，钢直尺、千分尺、90° 角尺，游标卡尺等。

3. 训练内容和步骤

（1）对实训工件按图 2.4.9 所示进行锉削，要求达到尺寸公差和技术要求。

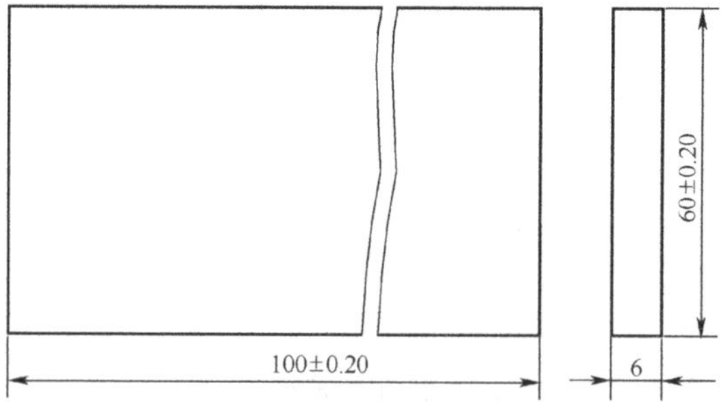

图 2.4.9　工件锉削图样

技术要求：锉削面垂直度误差为 0.05mm。

（2）在实训工件上按图 2.4.10 所示要求进行钻孔（4−ϕ4mm、4−ϕ6mm、6−ϕ5mm）。

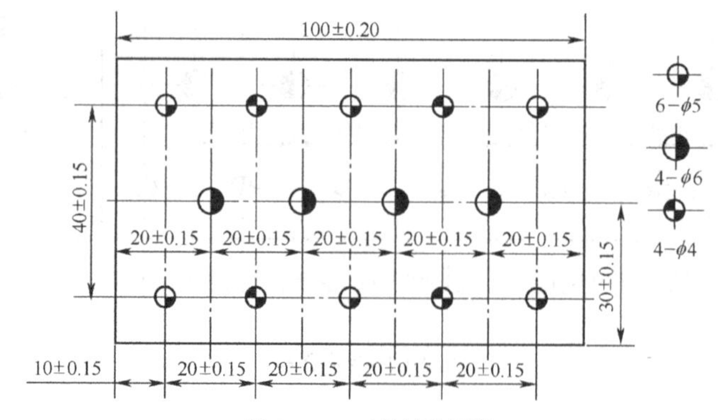

图 2.4.10　工件钻孔图样

（3）在实训工件上按图 2.4.11 所示要求进行扩孔（2−ϕ 10mm、3−ϕ 8mm、6−ϕ 6mm、3−ϕ 5mm）。

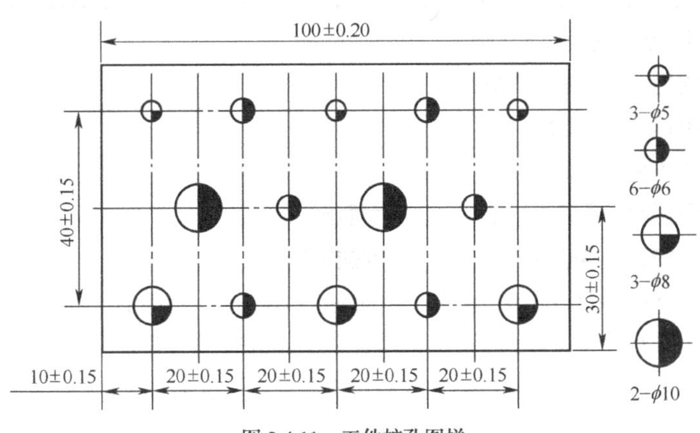

图 2.4.11　工件扩孔图样

4. 技能评价

钳工训练评价表如表 2.4.1 所示。

表 2.4.1　　钳工训练评价表

班　级		姓名		学号		得分	
考核时间		实际时间：　　自　　时　　分起至　　时　　分					
项　目	考 核 内 容			配分	评 分 标 准		扣分
锉削	1. 锉削时工件的夹持是否合理 2. 锉削时的姿势和锉削方法 3. 锉削后工件的垂直误差在 0.05mm 内 4. 锉削后工件的平面误差在 0.20mm 内			40 分	1. 工件夹持不当，扣 5 分 2. 锉削姿势不当，扣 5 分 3. 锉削方法不当，扣 5 分 4. 超出垂直误差，每处扣 2 分 5. 超出平面误差，每处扣 2 分		
钻孔	1. 钻孔时工件的夹持是否合理 2. 钻孔时的操作是否正确			30 分	1. 工件夹持不当，扣 5 分 2. 孔距不符合公差要求，每处扣 2 分 3. 孔径尺寸超差，每处扣 2 分 4. 孔壁表面粗糙，每处扣 1 分		
扩孔	1. 扩孔时工件的夹持合理 2. 扩孔时的操作是否正确			20 分	1. 工件夹持不当，扣 5 分 2. 孔距不符合公差要求，每处扣 2 分 3. 孔径尺寸超差，每处扣 2 分 4. 孔壁表面粗糙，每处扣 1 分		
安全文明生产	严格遵守操作规程			10 分	违章操作，视情节扣分		
合计				100 分			
教师签名：							

项目小结

（1）量具是贵重的测量工具，必须精心保养。量具保养得好坏，直接影响到它的使用寿命和测量工件的精度。使用时必须注意以下几点。

① 量具使用前后，必须擦拭干净。

② 不能用精密量具测量毛坯。

③ 测量时用力不能过大。

④ 不能把量具当做工具使用，使用时应避免撞击和敲打。

⑤ 量具使用完毕，应擦净揩油，并放在专用的盒内。

（2）用钻头在工件上加工出孔称为钻孔。钻孔的工具有钻头、手电钻、钻床等。

（3）钻孔操作的过程包括：工件划线，工件的夹持、起钻、进钻等。

（4）用锉刀对工件表面进行切屑加工的过程叫做锉削，锉削可分为锉平面、锉曲面、锉内孔、锉沟槽等。

（5）锉刀的种类有钳工锉、异形锉和整形锉，应根据加工对象进行选用。

（6）平面锉削方法有顺向锉、交叉锉和推锉。

思考与练习

1. 根据题图 2.1 所示，写出千分尺的读数尺寸。

2. 单位换算。

（1）15cm=（　　）mm=（　　）μm。

（2）11/32in=（　　）mm。

（3）26mm=（　　）in。

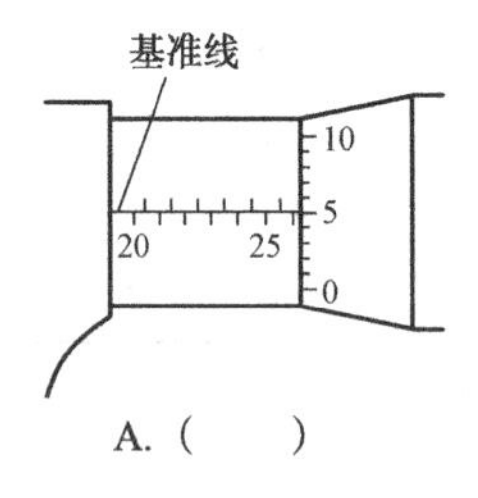

A.（　　）

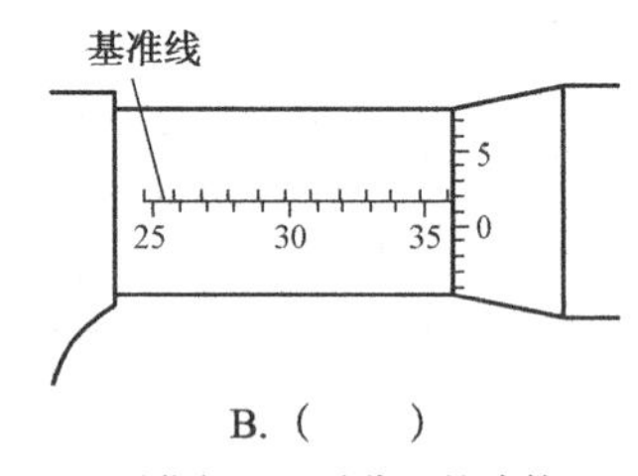

B.（　　）

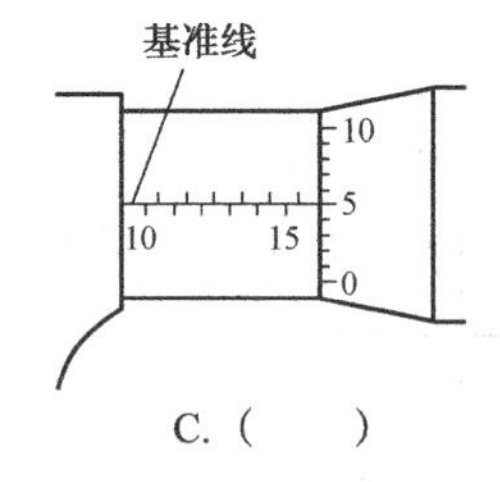

C.（　　）

题图 2.1　千分尺的读数

3. 用读数值为 0.02mm 的游标卡尺能否精确测量出 63.12mm 的尺寸？为什么？

4. 用游标卡尺表示下列尺寸：

7.2mm　　2.16

5. 如何正确保养量具？

6. 钳工的操作内容、设备有哪些？

7. 锉刀的种类有哪些？平面锉削有哪几种方法？

8. 麻花钻头由哪几部分组成？它分为几种？

9. 钻孔时，工件的装夹该怎样选择？

10. 钻孔时应注意哪些事项？

11. 扩孔加工与钻孔相比有哪些优点？

项目三

常用电子元器件识别与检测

随着个人计算机、移动电话、数字电视机、DVD 等不断涌现，我们的生活也变得越来越丰富多彩，很难想象离开了这些电子产品的生活将会是怎样。而这些电子产品又都离不开电子元器件，它们是由数以百计形形色色的电子元器件和其他材料按照一定功能要求组成的。所以这些元器件的好坏对电子产品的质量起着至关重要的作用。

那么，在生产各类电子整机产品时，为了保证产品的质量，首先必须对所选用的元器件进行检测，确保其性能正常以后才能使用；同时，我们在对电子整机产品进行检修和故障判断时，也需要对有疑问的元器件进行检测，以便快速而准确地确定损坏的元器件，然后排除故障。可见，学习和掌握常用元器件的性能、用途和质量判断方法，对提高电子整机产品的装配质量及可靠性起着至关重要的作用。

知识目标

- 掌握指针式万用表的性能及使用、维护方法。
- 了解电阻器、电容器、电感器等常用元件的分类、命名和用途。
- 了解常用半导体器件的分类、命名和用途。

技能目标

- 学会使用指针式万用表的基本操作方法。
- 学会电阻器、电容器、电感器等常用元件的识别和检测方法。
- 学会常用半导体器件的识别和检测方法。

任务一　指针式万用表的使用

基础知识

指针式万用表是一种用途广泛的常用测量仪表，其型号很多，但使用方法基本相同。下面以 MF50 型指针式万用表为例介绍万用表的使用。

MF50 型指针式万用表为多功能磁电式整流式仪表，可测量直流电流、直流电压、交流电压、电阻等，共有 19 个基本量程和 6 个附加量程。该仪表的外形如图 3.1.1 所示，主要技术规格如表 3.1.1 所示。

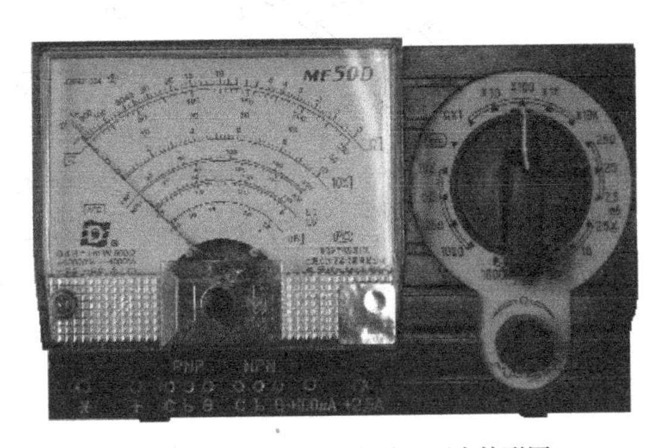

图 3.1.1　MF50 型指针式万用表外形图

表 3.1.1　　　　MF50 型指针式万用表技术规格

测量种类	测量范围	灵敏度	精度等级
直流电流	0～100μA～2.5mA～25mA～250mA～2.5A	—	2.5
直流电压	0～2.5V～10V～50V～250V	10kΩ/V	2.5
	1 000V	4kΩ/V	
交流电压	0～10V～50V～250V～1 000V	4kΩ/V	5.0
电阻	R×1，R×10，R×100，R×1k，R×10k	—	2.5
晶体管直流放大倍数	0～200	—	—
负载电流	0～145μA～1.45mA～14.5mA～145mA	—	2.5
负载电波	0～1.5V	—	2.5
音频电平	−10dB～22dB～36dB～50dB～62dB	—	—

知识链接 1  操作面板

（1）“+”、“*”插孔：用以插入红（+）、黑（*）表笔。

（2）NPN、PNP 插孔：用于测量三极管的直流放大系数 h_{FE}，使用时根据 NPN、PNP 型三极管分别插入相应插孔。

（3）100μA、2.5A 插孔：分别测量 100μA、2.5A 挡的直流电流，使用时将红表笔插入该孔内。

（4）机械调零：用平口改锥缓缓调节该处，使指针指在左侧刻度起始线上。

（5）电阻挡调零：使用电阻各量程挡测量电阻时，必须用该旋钮进行调零。方法是：将红、黑两支表笔触碰（短接）在一起，旋动调零旋钮，使指针指向“0Ω”处。

（6）转换开关：选择测量的项目和适当量程。

知识链接 2  表盘刻度数

由于 MF50 型指针式万用表所有测量合用一只表头，所以其表盘上有 8 条标度尺，如图 3.1.2 所示。不同项目或挡位的测量，应分别从相应的刻度线上读取数据。

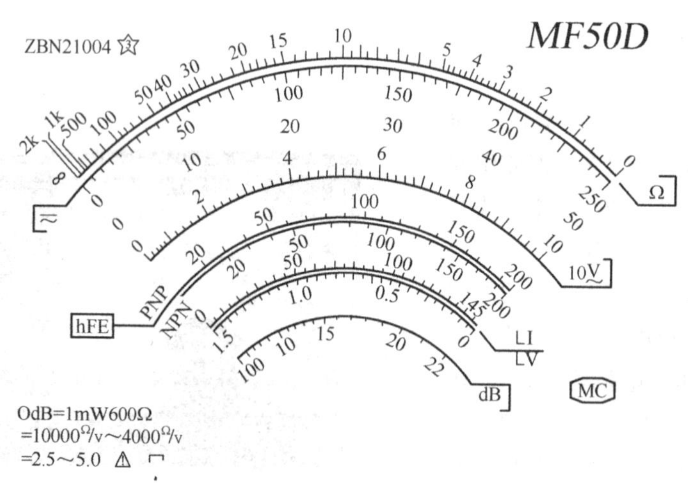

图 3.1.2　MF50 型万用表表盘

从上往下数，表盘上的第 1 条标度尺边上标有“Ω”字样，即电阻测量标度尺，表明该标度尺上的数字为被测电阻值，这是一条非均匀标度尺；第 2 条标度尺是供交流电压和直流电流测量共用的均匀标度尺；第 3 条标度尺的两端标有 10 $\underset{\sim}{V}$ ，专供 10V 交流电压挡使用；其他 5 条标度尺分别是测 PNP 型和 NPN 型晶体管共发射极直流放大系数 h_{FE} 的两条标度尺，负载电流 LI 标度尺，负载电压 LV 标度尺，最下面的一条是测电平用的标度尺。

知识链接 3  万用表使用注意事项

（1）测量前，必须明确被测量的量程挡。如果无法估计被测量的大小，应先拨到最大量程挡，再逐渐减小量程到合适的位置。

（2）万用表在使用时以水平放置为好。

（3）读数时，视线应正对着表针，若表盘上有反射镜，眼睛看到的表针应与镜里的影子重合。

（4）测量完毕，养成习惯将量程选择开关旋钮旋至最高交流电压挡位置。

（5）长期不用的万用表，应将电池取出，避免因电池存放过久而变质，漏出的电解液腐蚀其零件。

操作分析 

操作分析 1 万用表的读法

万用表的每条标度尺上标有最大刻度、大刻度和最小刻度。每条标度尺满刻度为最大刻度，每条标度尺又分成若干个大刻度，每个大刻度再均匀地分为若干个最小刻度。

在电阻测量标度尺上，表针满偏（刻度盘最右端）刻度为 0，最大刻度值（刻度盘最左端）为∞，该标度尺上的数值是按 R×1 挡标注的，当选用其他欧姆挡量程时，应乘以相应的倍率。另外，在电阻标度尺的中心刻度值附近，准确度最高。

交流电压和直流电流测量共用的标度尺上有两组刻度，用于不同量程的读数换算。

上面一组刻度：最大刻度值 250，大刻度值为 50，最小刻度值为 5。

下面一组刻度：最大刻度值 50，大刻度值为 10，最小刻度值为 1。

10 $\underset{\sim}{V}$ 交流电压挡的标度尺上最大刻度值 10，大刻度值为 2，最小刻度值为 0.2。

读取数据时：

（1）先按照量程选择合适的标度尺；

（2）读出大刻度的数值；

（3）读出小刻度的数值；

（4）估读不足最小刻度的指示值。

那么，所测得的数据为

$$读数=（大刻度值+小刻度值+估度值）\times 倍率$$

$$倍率=量程/最大刻度$$

例：图 3.1.3 所示为 MF50 型万用表标度尺读法示例。

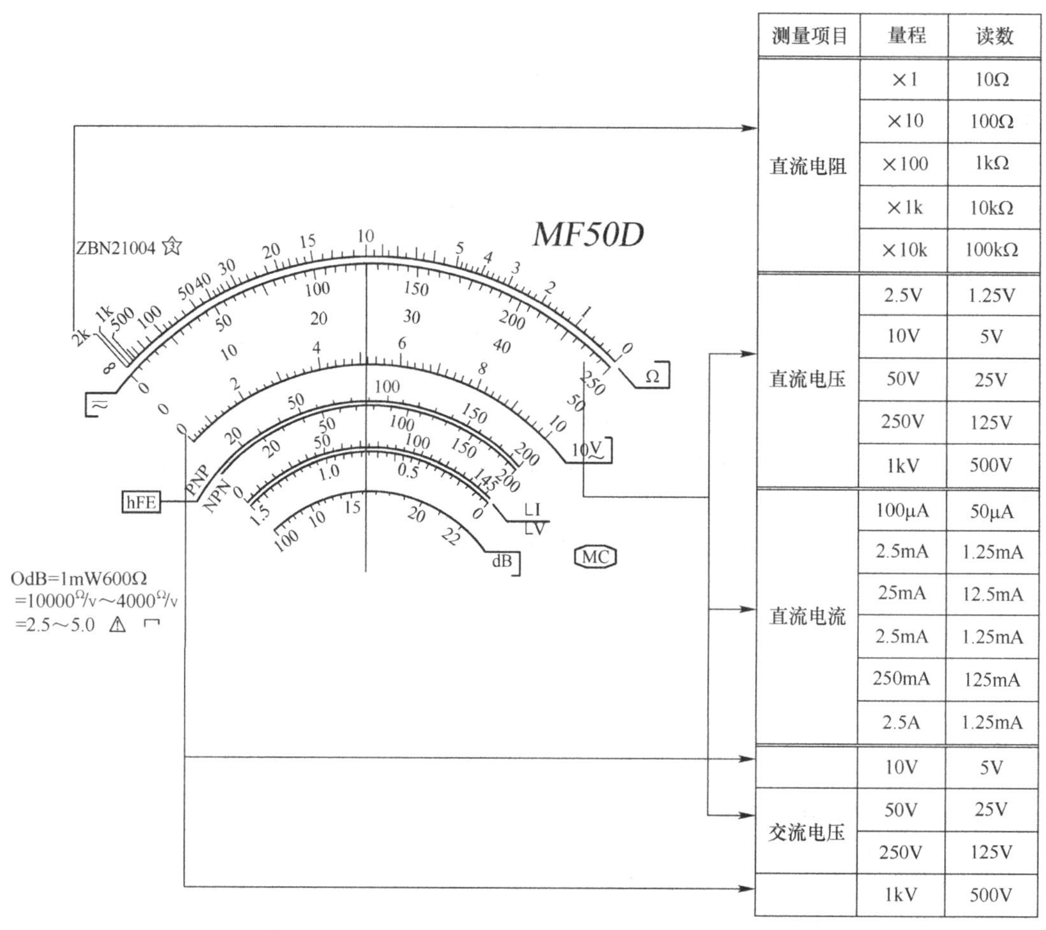

测量项目	量程	读数
直流电阻	×1	10Ω
	×10	100Ω
	×100	1kΩ
	×1k	10kΩ
	×10k	100kΩ
直流电压	2.5V	1.25V
	10V	5V
	50V	25V
	250V	125V
	1kV	500V
直流电流	100μA	50μA
	2.5mA	1.25mA
	25mA	12.5mA
	2.5mA	1.25mA
	250mA	125mA
	2.5A	1.25mA
	10V	5V
交流电压	50V	25V
	250V	125V
	1kV	500V

图 3.1.3　MF50 型万用表标度尺读法示例

操作分析 2　MF50 型万用表基本操作方法

（1）“+”、“*”插孔。红表笔应插在标有“+”号的插孔内，黑表笔应接在标有“*”号的插孔内。

（2）NPN、PNP 插孔。使用时根据 NPN、PNP 型三极管分别插入相应插孔。

（3）100μA、2.5A 插孔。使用时将红表笔插入该孔内。

（4）机械调零。机械调零时，用平口改锥缓缓调节该处，使指针指在左侧刻度起始线上。

（5）电阻挡调零。将红、黑两支表笔触碰（短接）在一起，旋动调零旋钮，使指针指向“0Ω”处。

（6）转换开关。例如，测量 220V 交流电压时，可以选择用“250 V～”量程挡。测量时应使指针指示在满刻度的 1/2 或 2/3 以上，从而得到比较准确的测量结果。

任务二　电阻器的识读和检测

电子电路中无处不在的元器件就是电阻器。它不仅可以单独使用，还可以和其他元器件一起构成各种功能电路，起稳定或调节电流、电压以及匹配负载的作用，通常简称电阻。

知识链接 1  电阻器的分类

电阻器是用电阻材料制成，有一定结构形式，能起限制电流通过作用的两端元件，常见的几种电阻器如图 3.2.1 所示。

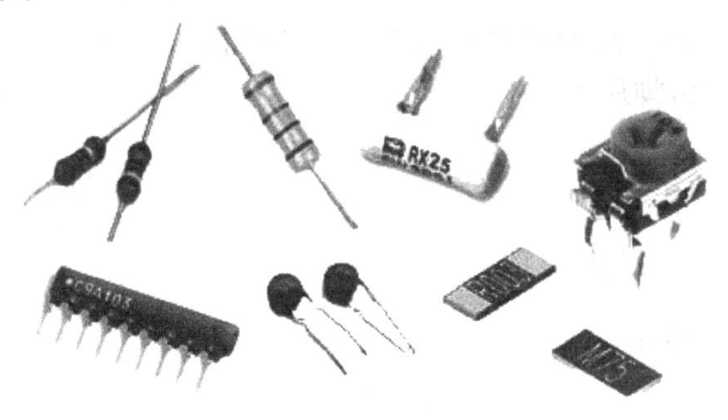

图 3.2.1　各类电阻器实物外形

电阻器按结构可分为固定电阻器、可变电阻器（电位器）、敏感电阻器等。

1. 固定电阻器

阻值不能改变的电阻器称为固定电阻器，它是一种最基本的电子元件，其电路图形符号如图 3.2.2 所示，文字符号为“R”。

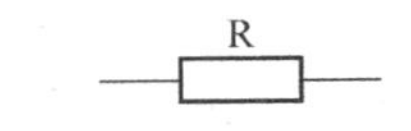

图 3.2.2　电阻器电路图形符号

根据制作材料和结构的不同，固定电阻器分为许多种，常见的有碳膜电阻器（RT 型），金属膜电阻器（RJ 型）、金属氧化膜电阻器（RY 型）、有机实心电阻（RS 型）器、线绕电阻器（RX 型）等，表 3.2.1 所示为各类电阻器的外形及用途特点。

表 3.2.1　各类电阻器的外形及用途特点

分　类	实 物 外 形	外 形 特 征	用 途 特 点
碳膜电阻器		碳膜电阻器一般为米黄色，用色环表示时，采用四色环标注	成本低、性能稳定、阻值范围宽、温度系数和电压系数低，是目前应用广泛的通用电阻器之一
金属膜电阻器		2W 以下的金属膜电阻器外表一般采用淡蓝色、浅绿色或褐色，电阻体光滑，颜色较亮。由于金属膜电阻器精度较高，用色环表示时，多采用五色环标注	精度比较高，其稳定性、耐热性、噪声、温度系数等性能比碳膜电阻好，但成本较高。在仪器仪表及通信设备中大量采用
线绕电阻器		用电阻丝绕在绝缘骨架上，再经绝缘封装处理而成	具有工作稳定、耐热性能好、误差范围小等特点，适用于大功率的场合，额定功率一般在 1W 以上
水泥电阻器		电阻丝绕在一根玻璃纤维芯柱上，电阻的两端线与焊脚引线在内部连在一起，芯柱、电阻丝和引脚均装入白色陶瓷壳体的横槽内，壳体下方用绝缘封装填料将其密封	具有绝缘性能优良、散热好、功率大和稳定性很好等特点，在电路过流的情况下会迅速熔断，以保护电路
排阻		一排电阻做成一个整体元件，也称为集成电阻器或网络电阻器，简称排阻	所有分电阻值均相同

2. 电位器

电位器实际上是一种阻值可调的电阻元件，起变阻、分压作用。常见电位器按电阻体的材料可分为碳质、薄膜和线绕3种；按调节机构的运动方式可分为旋转式、直滑式；按结构可分为单联、双联、带开关、不带开关等，开关式又有旋转式、推拉式、按键等；按用途可分为普通电位器、精密电位器、微调电位器等。图3.2.3所示为几种常见的电位器实物和图形符号，用文字符号“RP”表示。

图3.2.4所示为常用旋转式碳膜电位器结构。它是由一个电阻体和一个活动触点及3个引脚焊片组成的。电阻体与一个活动触点被封装在金属或塑料壳体内，固定引脚片1和3与电阻体两端相接，活动触点则与固定引脚片2相接。

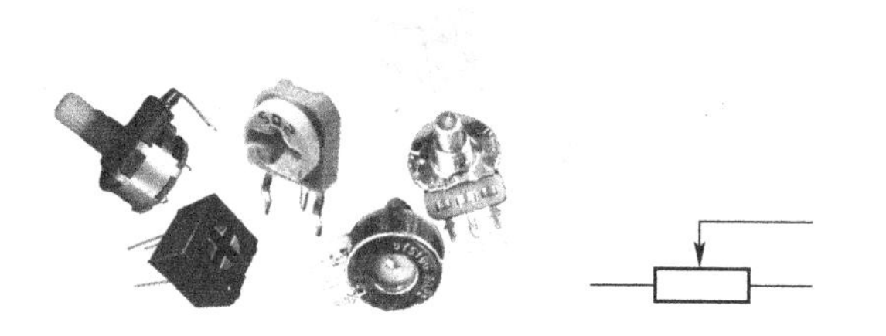

图3.2.3　各种电位器实物外形和电路图形符号

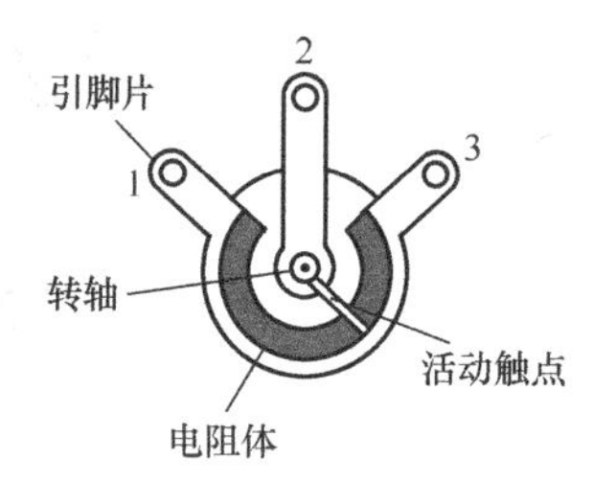

图3.2.4　常用旋转式碳膜电位器结构

知识链接2  **电阻器的命名方法**

根据国家标准 GB2470—81《电子设备用电阻器、电容器型号命名方法》的规定，电阻器和电位器的型号由以下4部分组成（详见表3.2.2）。

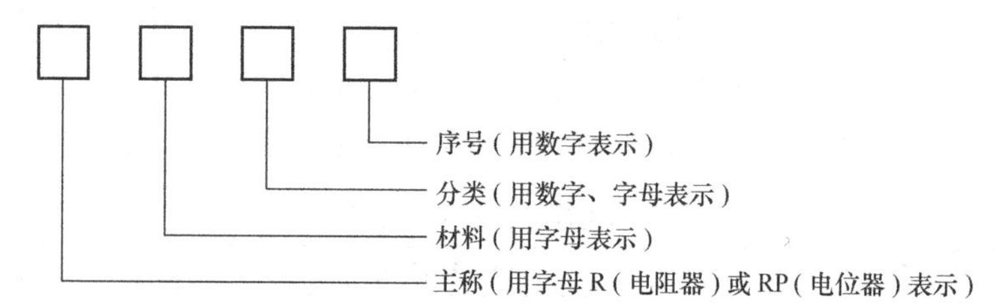

表3.2.2　**电阻器和电位器型号的命名方法**

第一部分		第二部分		第三部分	
用字母表示主称		用字母表示材料		用数字或字母表示分类	
符号	意义	符号	意义	符号	意义
R	电阻器	T	碳膜	1	普通
RP	电位器	H	合成膜	2	普通
		J	金属膜（箔）	3	超高频
		Y	氧化膜	4	高阻
		S	有机实心	5	高温
		N	无机实心	7	精密
		I	玻璃釉膜	8	高压
		X	线绕	9	特殊
		C	沉积膜	G	高功率
		G	光敏	T	可调
				X	小型
				L	测量用
				W	微调
				D	多圈

举例：RJ71——精密金属膜电阻器。

WSW1——微调有机实心电位器。

知识链接 3　电阻器的主要参数

衡量电阻器的两个最基本的参数是阻值和功率。

1. 阻值

电阻器的阻值用来表示电阻器对电流阻碍作用的大小，单位用欧姆表示，简称欧（Ω）。除欧姆外，常用的电阻单位还有千欧（kΩ）和兆欧（MΩ）。这三者的换算关系为

$$1\text{M}\Omega=1\,000\text{k}\Omega$$

$$1\text{k}\Omega=1\,000\Omega$$

电阻器的标称阻值是指在电阻器表面所标的阻值。实际阻值与标称阻值之间允许的最大偏差范围叫做阻值允许偏差，一般用标称阻值与实际阻值之差除以标称阻值所得的百分数表示，又称为阻值误差。通用电阻器阻值误差分 3 个等级。E24、E12、E6 系列的相应标称阻值如表 3.2.3 所示。

表 3.2.3　通用电阻器的标称阻值系列

系　列	偏　差	电阻器标称阻值系列
E24	I 级±5%	1.0；1.1；1.2；1.3；1.5；1.6；1.8；2.0；2.2；2.4；2.7；3.0；3.3；3.6；3.9；4.3；4.7；5.1；5.6；6.2；6.8；7.5；8.2；9.1
E12	II 级±10%	1.0；1.2；1.5；1.8；2.2；2.7；3.3；3.9；4.7；5.6；6.8；8.2
E6	III 级±20%	1.0；1.5；2.2；3.3；4.7；6.8

电阻器的标称阻值应为表 3.2.3 中所列数值的 10^n 倍，其中 n 为正整数、负整数或零。

2. 电阻器的额定功率

电阻器的额定功率用来表示电阻器所能承受的最大功率，用瓦特（W）表示，有 1/16W、1/8W、1/4W、1/2W、1W、2W 等多种，超过这一最大值，电阻器就会烧坏。电阻器的额定功率是选择电阻器的主要参数之一，其额定功率符号如图 3.2.5 所示。

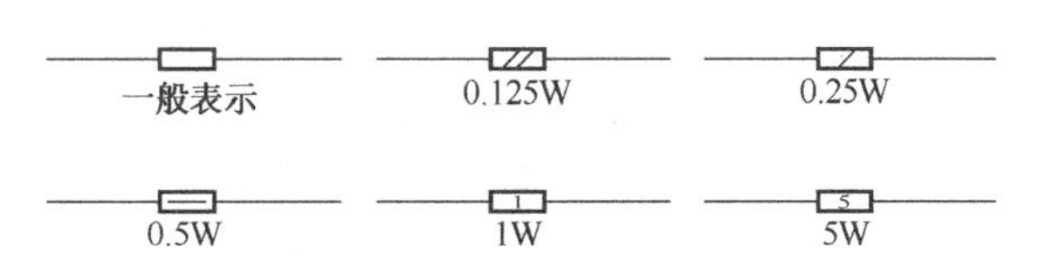

图 3.2.5　电阻器额定功率符号

操作分析

操作分析 1　电阻器阻值和误差的识别

电阻器的标称阻值和允许偏差一般都标注在电阻器上，常用标注方法有以下几种。

1. 直标法

用阿拉伯数字和单位符号在电阻器体表面直接标阻值，用百分比直接标出允许偏差的方法称为直标法，如图 3.2.6 所示。

2. 文字符号法

用阿拉伯数字和文字符号有规律地组合，表示标称阻值和允许偏差的方法称为文字符号法。阻值单位用文字符号Ω（欧姆）、kΩ（千欧）、MΩ（兆欧）表示，阻值的整数部分写在阻值单位标记符号的前面，阻值的小数部分写在阻值单位标记符号的后面，允许偏差用文字符号 D（±0.5%）、F（±1%）、G（±2%）、J（±5%）、K（±10%）、M（±20%）表示，如图 3.2.7 所示。

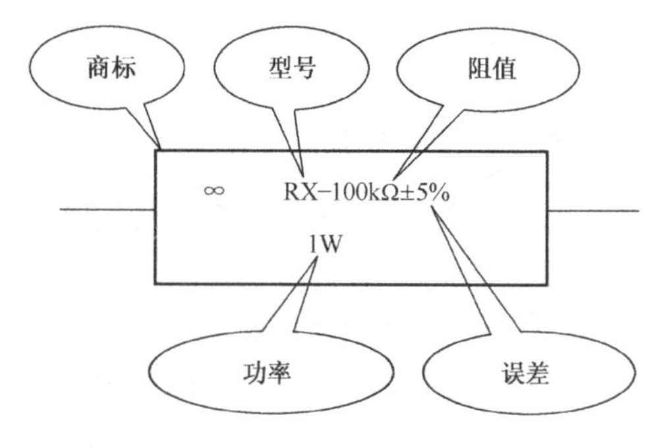

图 3.2.6　直标法举例

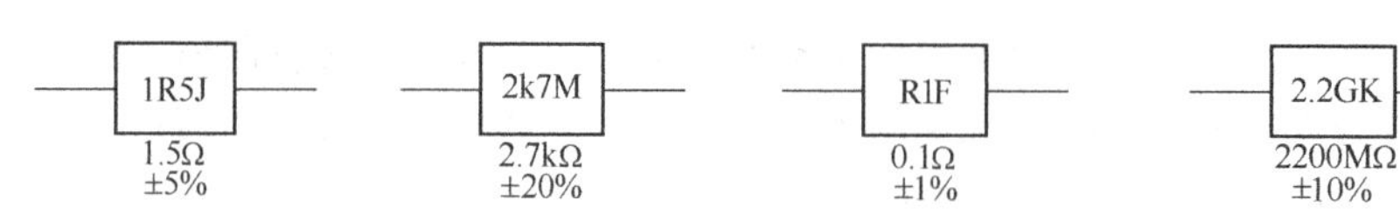

图 3.2.7　电阻器文字符号法

3. 色标法

色标法是用不同颜色的色环或点在电阻器表面标出标称阻值和偏差值的方法。其色环的意义如表 3.2.4 所示。

表 3.2.4　　色环表示的意义

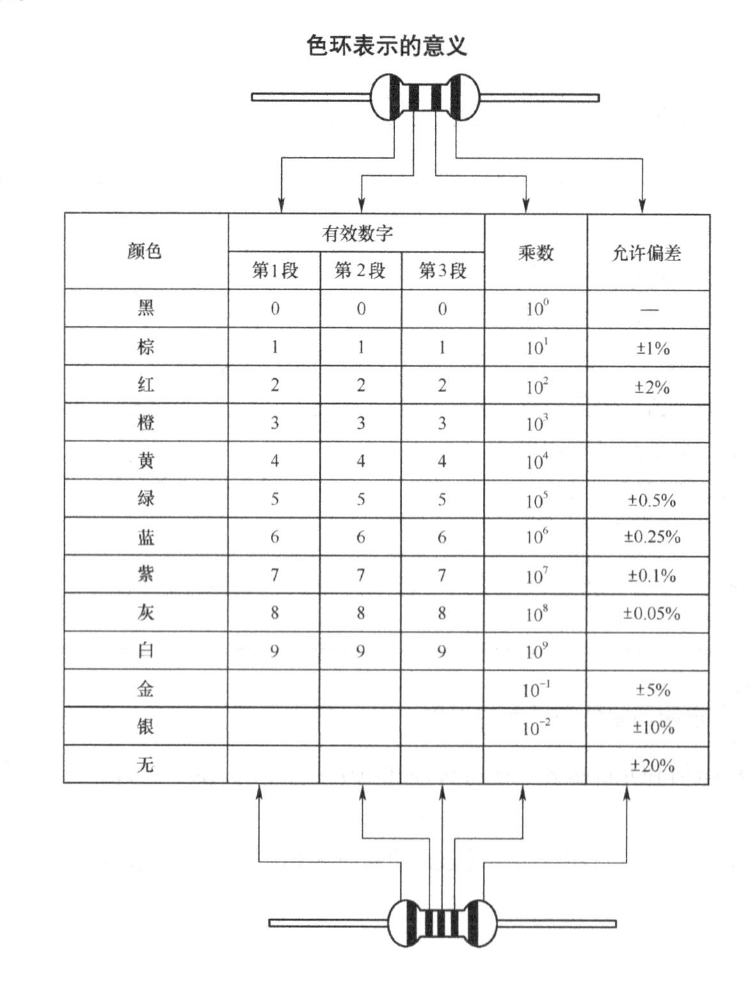

颜色	有效数字			乘数	允许偏差
	第1段	第2段	第3段		
黑	0	0	0	10^0	—
棕	1	1	1	10^1	±1%
红	2	2	2	10^2	±2%
橙	3	3	3	10^3	
黄	4	4	4	10^4	
绿	5	5	5	10^5	±0.5%
蓝	6	6	6	10^6	±0.25%
紫	7	7	7	10^7	±0.1%
灰	8	8	8	10^8	±0.05%
白	9	9	9	10^9	
金				10^{-1}	±5%
银				10^{-2}	±10%
无					±20%

色标法分为如下两种。

（1）两位有效数字的色标法：普通电阻器用 4 条色环表示标称阻值和允许偏差，从左至右第 1 条和第 2 条色环表示阻值，第 3 条色环表示倍乘，第 4 条色环表示允许偏差（通常为金色或银色），如图 3.2.8（a）所示。

（2）三位有效数字色标法：精密仪器（如万用表）中常用 5 条色环表示标称值和允许偏差的电阻器。这时，从左至右第 1～3 条色环表示阻值，第 4 条色环表示倍乘，第 5 条色环表示允许偏差（通常第 5 条与前面 4 条之间的距离较大），如图 3.2.8（b）所示。

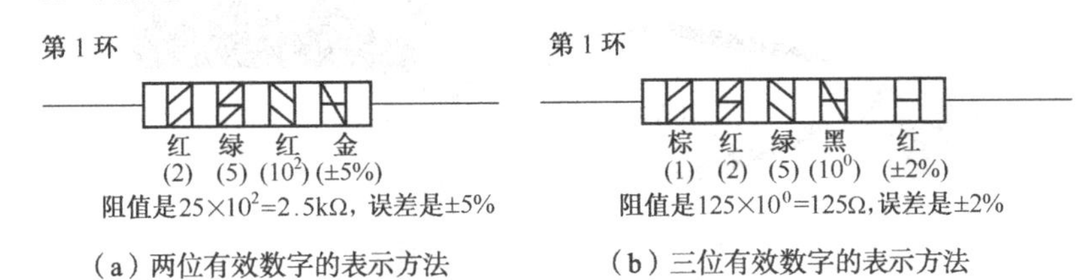

（a）两位有效数字的表示方法　　（b）三位有效数字的表示方法

图 3.2.8　阻值色标表示方法

操作分析 2　电阻器的测量

1. 测量电阻器的电阻值

（1）选择量程：将万用表的量程选择开关旋到欧姆挡的合适量程上，使指针在测量时处于刻度线的中间区域。

（2）调零：将万用表的两支表笔短接后，调节欧姆调零旋钮，使指针指在欧姆刻度线的零位上，而且每换一个量程都要重新调零一次。

（3）测量：右手握两支表笔，将表笔跨接在被测点上，如图 3.2.9（a）所示。

（4）读数：正视面板，读出指针在欧姆刻度线上所指读数。该读数与所选量程的倍率相乘，即可得到实际的电阻值。

例如：如果用 R×10 挡测量一个电阻器，指针读数为 20，那么，被测电阻器的阻值为 20Ω×10=200Ω。

注意

测量电阻时，特别是测量几十千欧以上电阻时，人体不能同时接触被测电阻器的两根引线，如图 3.2.9（b）所示，以避免人体电阻的影响。

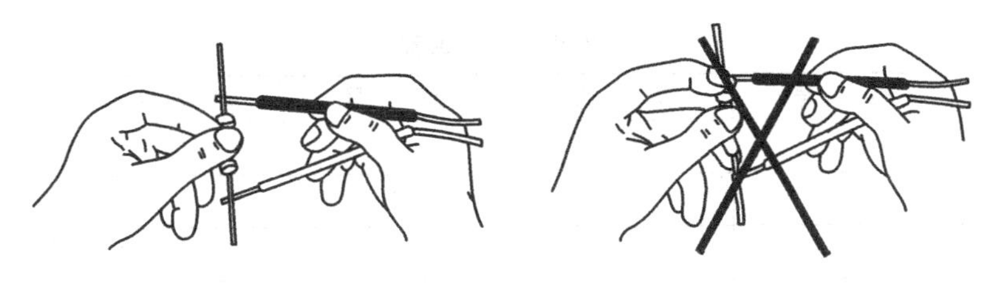

（a）电阻正确测法　　（b）电阻错误测法

图 3.2.9　测量电阻

2. 电位器的检测

检测电位器时，首先要看转轴转动是否平滑、开关是否灵活（带开关的电位器），然后按下列

步骤用万用表的 Ω 挡进行检测。旋转电位器时要求其阻值连续变化，旋柄转动平滑转动。

（1）看标称值，选择好合适的万用表欧姆挡的量程。

（2）按图 3.2.10 所示方法用万用表测“1”、“3”两端，其读数应为电位器的标称阻值，如万用表的指针不动或阻值与标称阻值相差很多，则表明该电位器已损坏。

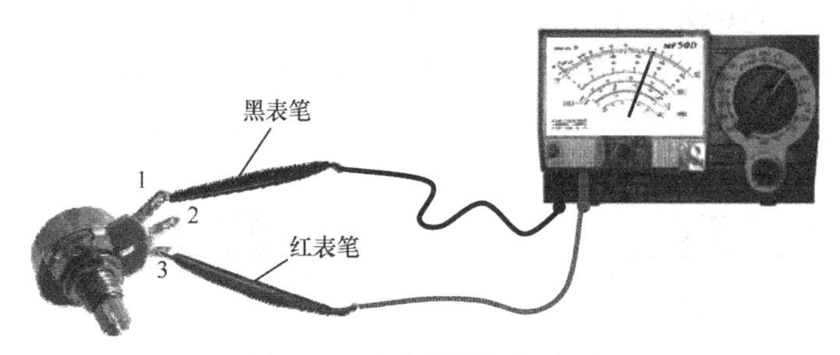

图 3.2.10　电位器的检测示意图

（3）再用万用表的欧姆挡测“1”、“2”（或“3”、“2”）两端，将电位器的转轴逆时针旋转，指针应平滑移动，电阻值逐渐减小，当转轴旋至接近“关”的位置，这时电阻值越小越好；然后将电位器的转轴顺时针旋转，电阻值应逐渐增大，指针也应平稳移动，当轴柄旋至极端位置“3”时，阻值应接近电位器的标称值。

（4）如果在检测过程中，万用表指针有跳动现象，说明活动触点有接触不良的故障。

技能训练  电阻器的识别与检测

1. 训练目标

（1）熟悉电阻器的电路图形符号。

（2）能识别各类色环电阻的标识。

（3）熟练掌握用万用表检测电阻器的技能。

2. 训练器材

万用表、色环电阻器识别板、电阻器检测板。

3. 训练内容和步骤

（1）电阻器符号识别。根据电阻器的电路图形符号或功率标记，在表 3.2.5 中填入对应的名称或额定功率。

表 3.2.5　电阻器符号识别

编　号	型　号	意　义	编　号	功率标记	额定功率
1			1		
2			2		
3			3		
4			4		
5			5		

（2）色环电阻的识别。根据识别板上的 10 只色环电阻，识别其电阻值并将结果填入表 3.2.6 中。

表 3.2.6　色环电阻的识别

编　号	色　环	阻　值	误　差	编　号	色　环	阻　值	误　差
1				6			
2				7			
3				8			
4				9			
5				10			

（3）电阻器的检测。用万用表检测电阻值，并将结果填入表 3.2.7 中。

表 3.2.7　电阻器的检测

编　号	量 程 选 择	是 否 调 零	实　测　值
1			
2			
3			
4			
5			
6			

任务三　电容器的识读和测量方法

电容器是一种储存电能的元件，它由两块极板构成，两块极板之间为绝缘介质，在两块极板上分别引出一根引脚，这样就构成电容器。电容器在电路中通常用来隔直流通交流、级间耦合及滤波等，在调谐电路中和电感器一起构成谐振回路。在电子设备中，电容器是不可缺少的元件。

基础知识

知识链接 1　电容器的种类和用途

电容器的种类很多，图 3.3.1 所示为几种外形各异的常用电容器外形和电路图形符号。

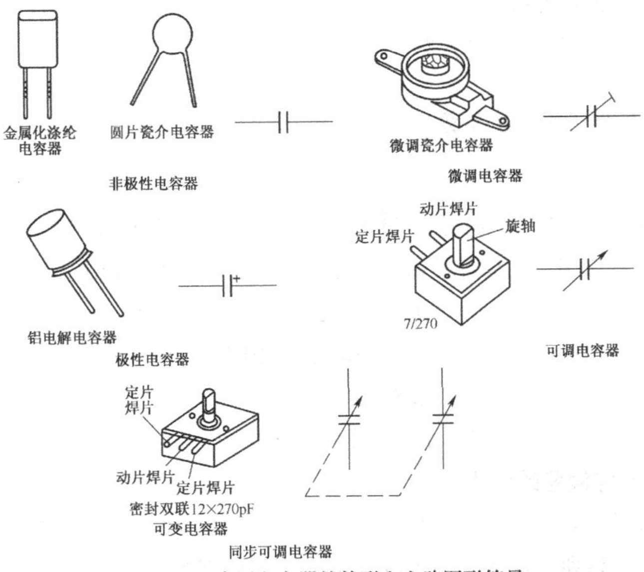

图 3.3.1　常用电容器的外形和电路图形符号

知识链接 2  电容器的命名

国产电容器的型号一般由以下 4 部分组成，各部分的含义如表 3.3.1 所示。

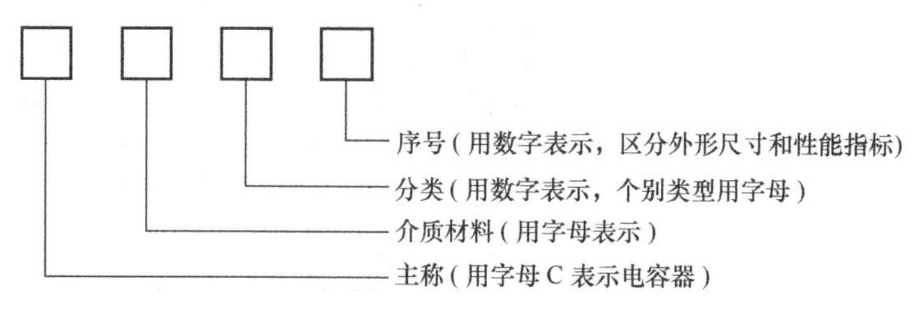

表 3.3.1　　电容器型号中数字和字母代表分类的意义

介质材料		分类				
符号	意义	意义				
		符号	瓷介电容器	云母电容器	电解电容器	有机电容器
C	高频陶瓷	1	圆形	非密封	箔式	非密封
T	低频陶瓷	2	管形	非密封	箔式	非密封
Y	云母	3	叠片	密封	烧结粉非固体	密封
Z	纸	4	独石	密封	烧结粉固体	密封
J	金属化纸	5	穿心			穿心
I	玻璃釉	6	支柱等			
L	涤纶薄膜	7			无极性	
B	聚苯乙烯等非极性薄膜	8	高压	高压		高压
O	玻璃膜	9			特殊	非密封
Q	漆膜	10			卧式	卧式
H	纸膜复合	11			立式	立式
D	铝电解	12				无感式
A	钽电解	G	高功率			
N	铌电解	W	微调			

举例：CCW1——圆片形高频陶瓷微调电容器。

CD11——立式铝电解电容器。

知识链接 3  电容器的主要参数

1. 电容器的容量

电容器储存电荷的能力叫做电容量，简称容量。电容器容量的基本单位是法拉，用 F 表示。法拉这一单位太大，常用单位为微法（μF）、纳法（nF）和皮法（pF）。其单位之间的换算关系为

$$1\text{mF（毫法）}=10^{-3}\text{F}$$
$$1\mu\text{F（微法）}=10^{-6}\text{F}$$
$$1\text{nF（纳法）}=10^{-9}\text{F}$$
$$1\text{pF（皮法）}=10^{-12}\text{F}$$

2. 标称容量和允许偏差的认识

电容器的外壳表面上标出的电容量值，称为电容器的标称容量。标称容量也分许多系列，常用的是 E6、E12、E24 系列，这 3 个系列的设置方式同电阻器。

电容器的允许误差也与电阻器相同，常用电容器的允许误差有±2%、±5%、±10%、±20%等几种。通常容量越小，允许偏差越小。

3. 额定电压

额定电压是指在规定温度范围内，可以连续加在电容器上而不损坏电容器的最大直流电压或交流电压的有效值。这是一个重要参数，如果电路故障造成加在电容器上的工作电压大于额定电压时，电容器将被击穿。常用的固定电容器的工作电压有 10V、16V、25V、50V、100V、2 500V 等。

操作分析 1 电容器的规格与标注方法识读

1. 直标法

直标法电容器示例如图 3.3.2 所示。

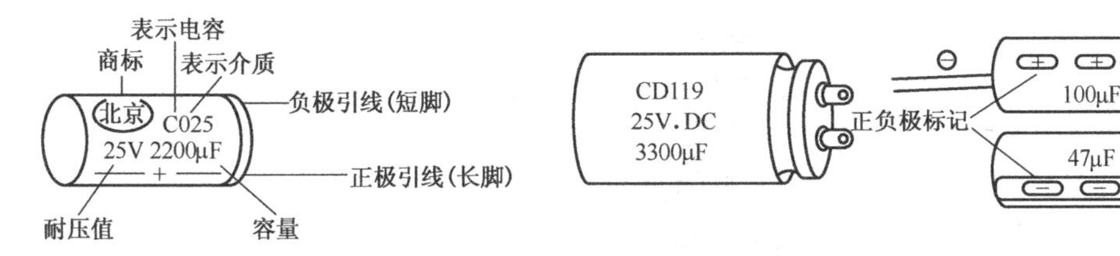

图 3.3.2 电容器直标法

2. 文字符号法

使用文字符号法时，容量整数部分写在容量单位符号的前面，容量的小数部分写在容量单位符号的后面。允许偏差用文字符号 D（±0.5%）、F（±1%）、G（±2%）、J（±5%）、K（±10%）、M（±20%）表示。文字符号法示例如图 3.3.3 所示。

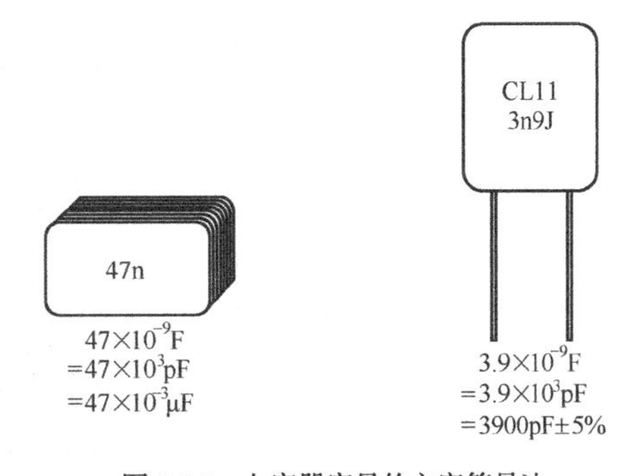

图 3.3.3 电容器容量的文字符号法

3. 数码法

一般用 3 位数字表示电容器容量的大小，其单位为 pF。其中第 1 位和第 2 位为有效值数字；第 3 位表示倍乘数，即表示有效值后“0”的个数。数码法示例如图 3.3.4 所示。

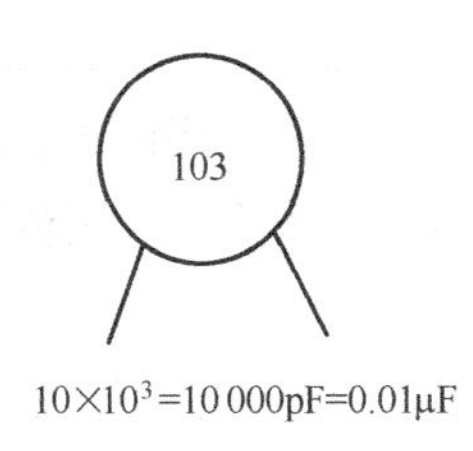

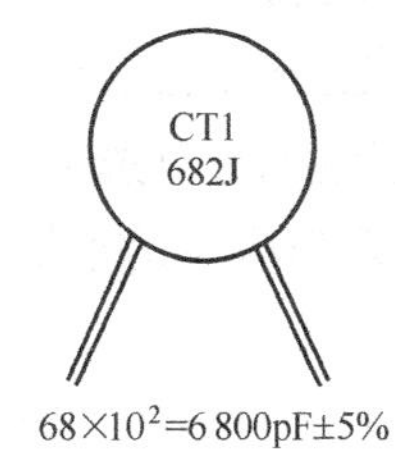

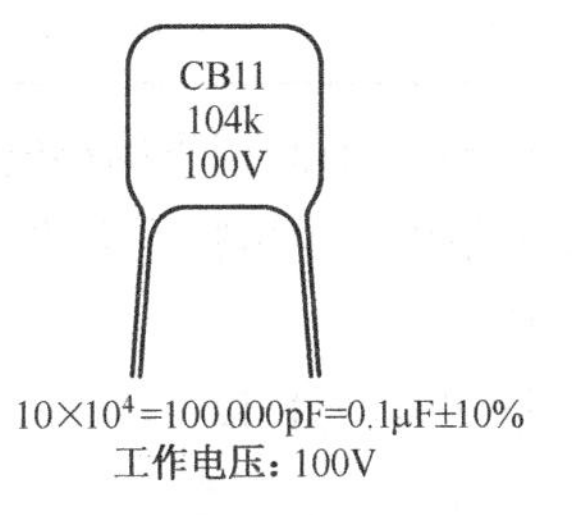

10×10^3=10 000pF=0.01μF　　68×10^2=6 800pF±5%　　10×10^4=100 000pF=0.1μF±10% 工作电压：100V

图 3.3.4 电容器容量的数码表示法

操作分析 2  电容器的简易检测

电容器一般常见故障有击穿短路、断路、漏电或电容量变化等。通常情况下，可以用万用表来判别电容器的好坏，并对其质量进行定性分析。

1. 固定电容器检测方法

利用万用表的欧姆挡，通过测量电容器两引脚之间的漏电阻，根据表针摆动的情况判断其质量。检测中可能出现的情况如表 3.3.2 所示。

表 3.3.2　　电容器的检测

可选量程	不同容量	<1μF	1μF～47μF	>47μF
	相应量程	R×10k	R×1k	R×100
检测	常见故障	检 测 现 象		说　明
	正常	指针先向右偏转，再向左回归		在同一电阻挡： 1. 万用表指针向右偏转幅度越大，电容器容量越大 2. 万用表表针回转幅度越大，说明漏电流越小，电容器性能越好 3. 电解电容器的反向漏电阻略小于正向漏电阻
	容量太小或消失	表针不动		
	击穿短路	表针不回转		
	漏电现象	表针回转幅度小		

（1）检测 0.01μF 以下的小电容器。检测时，可选用万用表的 R×10k 挡，用两支表笔分别任意接触电容器的两个引脚。正常情况下，阻值应为无穷大；若测出阻值小或为零，则说明电容器漏电或短路。

（2）检测 0.01μF 以上固定电容器。可用万用表的 R×10k 挡测试电容器是否有充电过程以及漏电情况，并估计电容器的容量。

① 用两支表笔分别任意接触电容器的两个引脚。

② 调换表笔再触碰电容器的两个引脚。

③ 如果电容器的性能良好的话，万用表指针会向右摆动一下，随即迅速向左回转，返回无穷大位置。

2. 电解电容器极性的判别

电解电容器极性一般可以根据其漏电阻的大小来判别。具体方法如下。

（1）漏电阻测量。

① 针对不同容量的电解电容器选用合适的量程。一般情况下，1μF～47μF 的电解电容器可选用 R×1k 挡；47μF～1 000μF 的电解电容器可选用 R×100 挡。

② 将万用表的红表笔接负极，黑表笔接正极，在刚接触的瞬间，万用表指针即向右偏转较大幅度，然后逐渐向左回转，直到停在某一位置，此时的阻值便为电解电容器的正向电阻。此值越大，说明漏电流越小，电容器性能越好。

③ 将红、黑表笔对调，重复刚才的测量过程，此时所测阻值为电解电容器的反向漏电阻。

在实际使用中，电解电容器的漏电阻一般应在几百千欧以上，且反向漏电阻略小于正向漏电阻。

（2）极性判断。

① 先测量电解电容器任意两极间的漏电阻。

② 交换红、黑表笔，再一次测量电解电容器的漏电阻。

③ 如果电解电容器性能良好的话，在两次测量结果中，阻值大的一次便是正向接法，即红表笔接电解电容器的负极，黑表笔接正极。

注意

- 检测时，应反复调换表笔触碰电解电容器的两引脚，以确认电解电容器有无充电现象。
- 重复检测电解电容器时，每次应将被测电解电容器短路一次。
- 检测时，手指不要同时接触被测电解电容器的两个引脚，否则，将使万用表指针回不到无穷大的位置，给检测者造成错觉，误认为被测电解电容器漏电。

提示

在实际使用中，必须注意电解电容器的极性，按极性要求正确连接到电路中去，否则，可能引起电解电容器击穿或爆炸。

技能训练 电容器的识别与检测

1. 训练目标

（1）熟悉各类电容器的电路图形符号。

（2）能根据电容器的标志识别电容器的类型、容量、耐压和极性。

（3）熟练掌握用万用表判断电容器好坏的方法。

2. 训练器材

万用表、电容器识别板、检测板。

3. 训练内容和步骤

（1）电容器符号识别。根据图3.3.5所示电容器的电路图形符号，在括号中填入对应的名称。

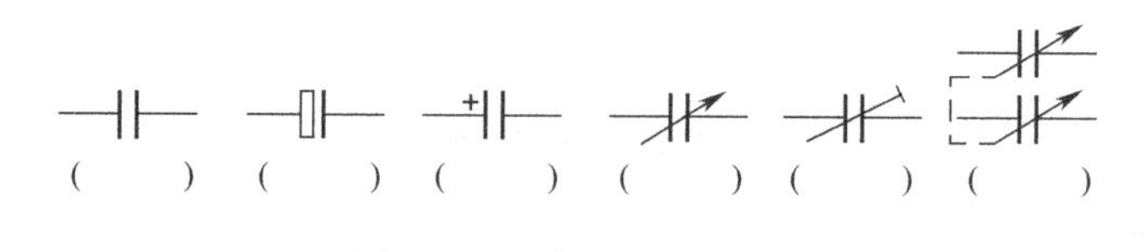

图3.3.5 电容器电路图形符号

（2）电容器的识别。根据识别板上各电容器的特征填写表3.3.3。

表3.3.3 电容器的识别

编号	名称	电容量	耐压	有无极性	编号	名称	电容量	耐压	有无极性
1					6				
2					7				
3					8				
4					9				
5					10				

（3）电容器的检测。测量电容器的正向漏电阻，分析检测结果，进一步判断电容器性能。根据测试情况填写表3.3.4。

表3.3.4 电容器的检测

编号	电容器类别	万用表挡位	万用表是否调零	漏电阻	测量中问题	是否合格
1	陶瓷电容器 0.1 μF					
2	纸介电容器 1μF					
3	电解电容器 100μF					
4	电解电容器 1000μF					

任务四 电感器的识读和检测方法

电感器是一种储存磁场能量的元件，用漆包线、纱包线在绝缘骨架上绕制而成。电感器在电路中有通直流、阻交流等作用，与电容器配合可起调谐、选频作用。

基础知识

知识链接1  电感器的分类

电感器的分类如表3.4.1所示。

表3.4.1 电感器的分类

划分的方法	分　类	划分的方法	分　类
按电感量是否可调划分	固定电感器	按有无磁芯划分	空芯电感器
	可变电感器		有芯电感器（铁芯或磁芯）
	微调电感器	按工作频率划分	低频电感器
			高频电感器

知识链接 2  常用电感器外形与电路图形符号

常用电感器外形与电路图形符号如表 3.4.2 所示。

表 3.4.2　　　　常用电感器外形与电路图形符号

类　型	电路图形符号	外　形　图	类　型	电路图形符号	外　形　图
空芯线圈电感器			色码电感器		
铁芯线圈电感器			带磁芯可变电感器		
磁芯线圈电感器					

知识链接 3 电感器的命名

电感器的命名由名称、特征、型号和序号 4 部分组成。

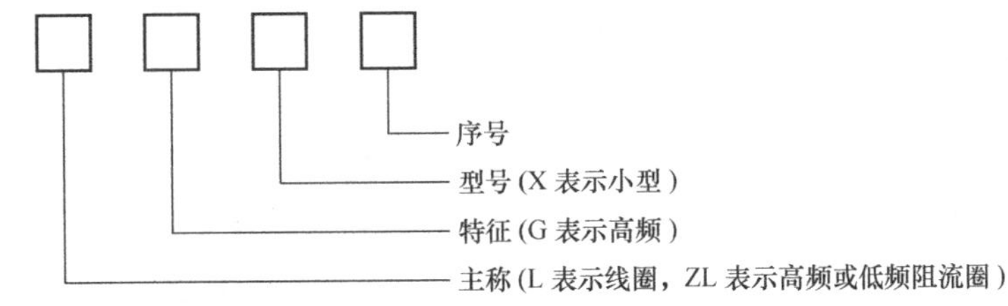

例如：LGX 型即为小型高频电感线圈。

电感器可根据电路要求自行设计、制作，目前主要有 LG1 和 LG2 两种型号的固定电感器。其中 LG1 型固定电感器是轴向引线的，LG2 型固定电感器是径向引线的。

知识链接 4  电感器的主要参数

1. 电感量

电感量的单位是亨利，简称亨，用 H 表示。亨这个单位太大，常用单位为毫亨（mH）和微亨（μH），3 个单位之间的换算关系为

$$1\text{H}=1\,000\text{mH}$$

$$1\text{mH}=1\,000\mu\text{H}$$

2. 品质因数

品质因数又称 Q 值，用字母 Q 表示。Q 值愈高，说明电感线圈的功率损耗愈小，效率愈高。对调谐回路线圈的 Q 值要求较高。

知识链接 5  变压器的外形特征和电路符号

变压器与电感线圈一样，部分由厂家供应，也可以由自己绕制。图 3.4.1 所示为几种变压器的实物图及其电路图形符号。

电源变压器

音频输入变压器

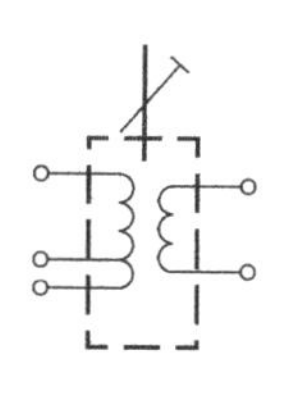

中周

图 3.4.1　变压器的外形和电路图形符号

操作分析

操作分析 1　电感器的规格与标注方法识读

1. 直标法

采用直标法的电感器将标称电感量用数字直接标注在电感器的外壳上，同时用字母 A（50mA）、B（150mA）、C（300mA）、D（700mA）、E（1600mA）表示额定电流，用Ⅰ（±5%）、Ⅱ（±10%），Ⅲ（±20%）表示允许偏差。

2. 色码表示法

电感器色码表示法如图 3.4.2 所示。电感器的色码含义与色标电阻器的色标含义一样，单位为 H。

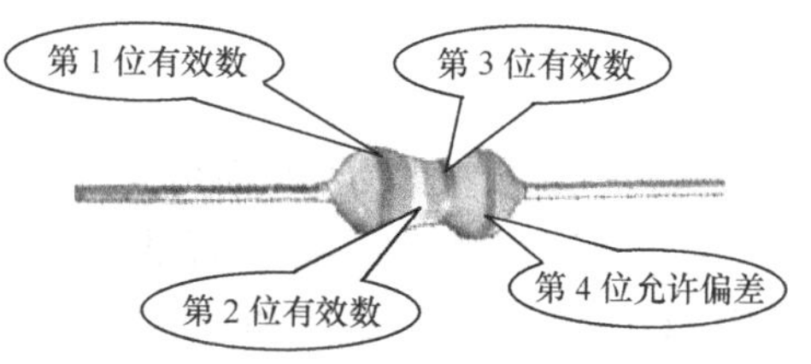

图 3.4.2　电感器的色码表示法

操作分析 2　电感器简易检测方法

1. 直观检查

查看引脚是否断，磁芯是否松动，绝缘材料是否破损或烧焦等。

2. 用万用表检测电感器

用万用表欧姆挡测量电感器的直流阻值来判断其短路或断路等情况。一般电感器的电阻值很小（零点几欧到几欧）；匝数较多、线径较细的线圈，其直流电阻为几百欧。若指针指示为 0，则说明线圈内部短路；若测出的电阻无穷大，则说明线圈存在断路故障。图 3.4.3 所示为用万用表测量电感器直流电阻示意图。

3. 中周变压器的检测

（1）中周变压器的构造。中周变压器简称中周，是超外差式接收机中不可缺少的元件。它的性能对接收机的灵敏度、选择性有很大的影响。

中周的外形与结构如图 3.4.4 所示，其外部是金属屏蔽罩，内部是由铁氧体制成的磁帽和磁芯、线圈、尼龙支架等。

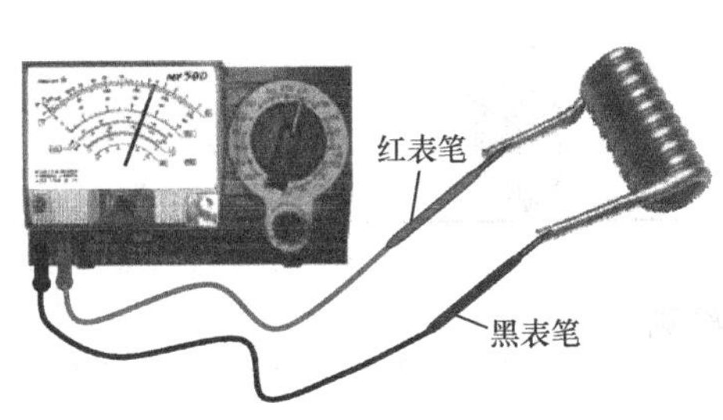

图 3.4.3　用万用表测量电感器直流电阻示意图

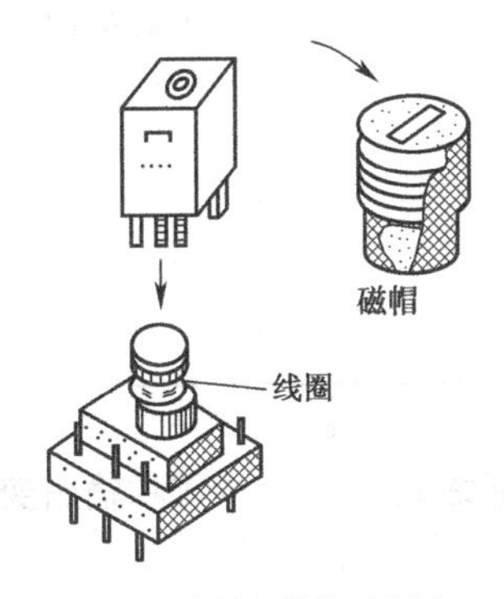

图 3.4.4　中周的结构示意图

（2）收音机中频变压器（中周）的检测方法如表 3.4.3 所示。

表 3.4.3　　　　收音机中频变压器的检测

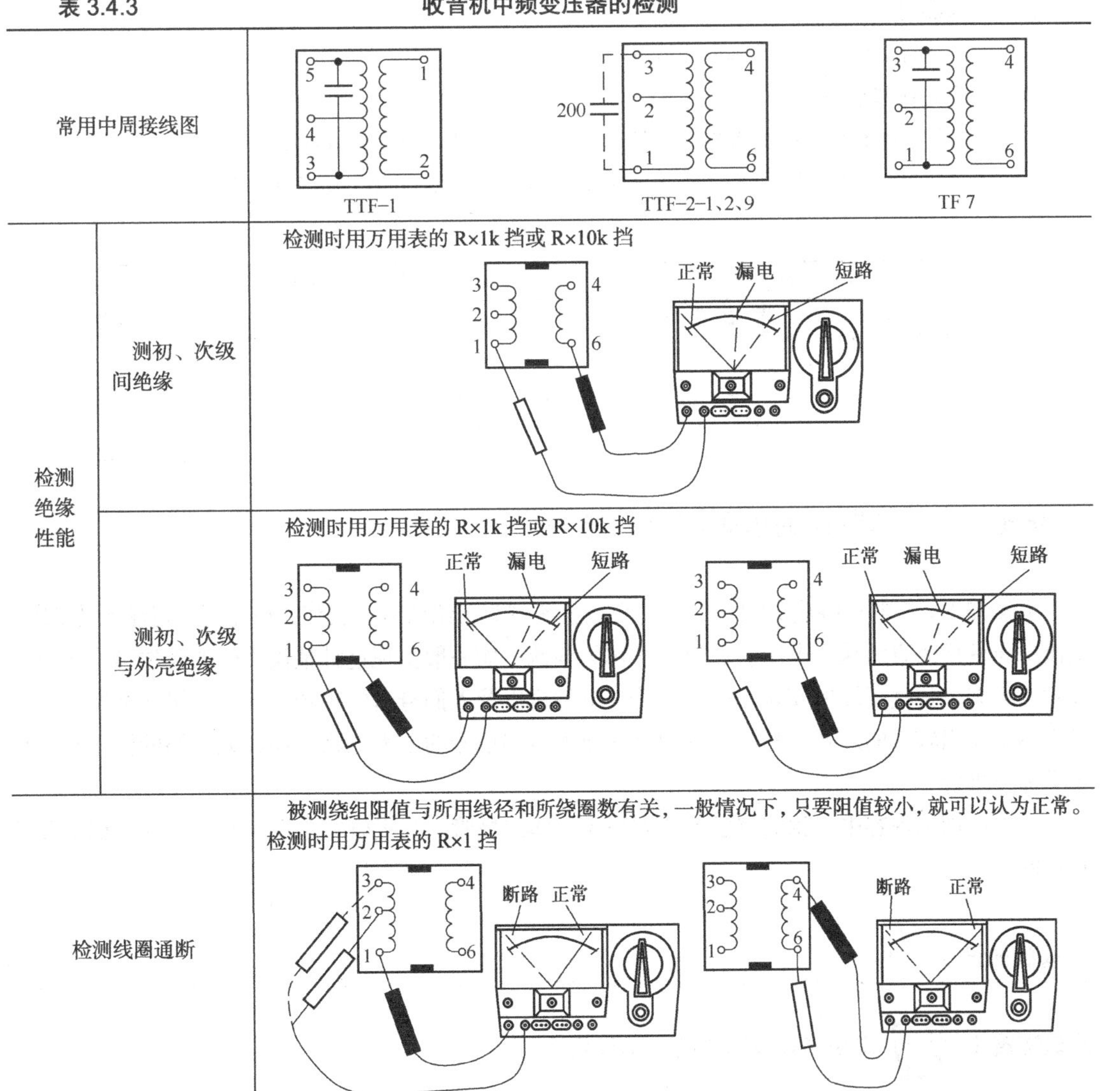

常用中周接线图		TTF-1　　TTF-2-1、2、9　　TF 7
检测绝缘性能	测初、次级间绝缘	检测时用万用表的 R×1k 挡或 R×10k 挡 正常　漏电　短路
	测初、次级与外壳绝缘	检测时用万用表的 R×1k 挡或 R×10k 挡 正常　漏电　短路　　正常　漏电　短路
检测线圈通断		被测绕组阻值与所用线径和所绕圈数有关，一般情况下，只要阻值较小，就可以认为正常。检测时用万用表的 R×1 挡 断路　正常　　断路　正常

续表

检查磁芯	若磁芯可用无感改锥进行伸缩调整，说明可变磁芯不松动或未断裂 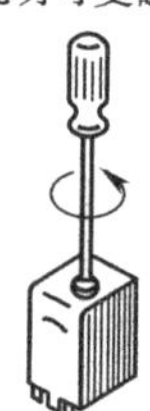

拓展训练 中周和输出变压器的简易检测

1. 训练目标

（1）使学生熟练掌握用万用表判别调频收音机中输出变压器的初级线圈和次级线圈端脚的方法。

（2）使学生熟练掌握用万用表检测调频收音机中周的质量好坏的方法。

2. 训练器材

万用表、输出变压器若干、中周检测板。

3. 训练内容和步骤

（1）判断调频收音机中周的质量好坏，并将检测结果填入表3.4.4中。

（2）检测输出变压器初、次级线圈的端脚，并将检测结果填入表3.4.4中。

表3.4.4 检测结果

中　周		输出变压器	
序　号	质 量 好 坏	端 脚 编 号	初、次级
1			初级
2			
3			次级
4			

任务五　半导体器件的识别和检测方法

大家知道，与电视游戏机配套的家用交流整流器为了给游戏机提供工作电源，将输入的220V交流电压变换为直流输出电压。这个过程称为整流，而一般实现这种整流功能的器件是半导体二极管。又如，住宅门厅中安装的电子门铃、电话机以及人们身边的扩音机和电视机，之所以能从扬声器中发出较大的声音，是由于其中有能放大微弱信号的放大电路。而放大电路的核心器件是半导体三极管。

在本次训练内容中，我们将学习和掌握半导体二极管、三极管等常用半导体器件的识别和检测技能。

基础知识

知识链接1 常用半导体器件的分类和用途

在半导体器件中，半导体二极管又称为晶体二极管，简称二极管。同样，半导体三极管又称为晶体三极管，简称三极管。图 3.5.1 所示为适用于电视机、稳压电源等电子整机产品中各种不同外形的二极管、三极管。

1. 二极管的种类和特点

二极管由一个 PN 结加上两条电极引线做成管芯，并且用塑料、玻璃或金属等材料作为管壳封装而成。从 P 区引出的电极作为正极，从 N 区引出的电极作为负极。其电路图形符号和文字符号如图 3.5.2 所示。

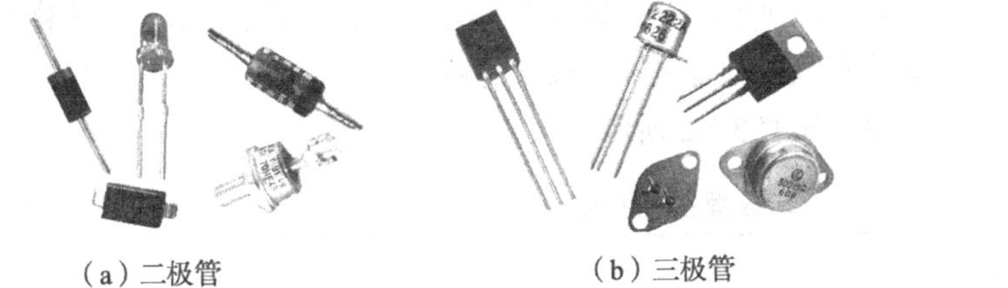

（a）二极管　（b）三极管

图 3.5.1　常见二极管、三极管的外形图

+ VD −

图 3.5.2　二极管的电路图形符号和文字符号

箭头的一端代表正极，另一端代表负极。电路符号形象地表示了二极管工作电流流动的方向，箭头所指的方向是正向电流流通的方向，通常用文字符号 VD 代表二极管。

二极管的种类很多。通常，我们按采用的材料可分为锗二极管、硅二极管；按外壳封装材料可分为玻璃封装二极管、塑料封装二极管、金属封装二极管；按用途又可分为整流二极管、检波二极管、稳压二极管、开关二极管、发光二极管、光电二极管等。表 3.5.1 所示为部分二极管用途示例。

表 3.5.1　部分二极管用途示例

名称	外 形 特 征	电路图形符号	主要特性说明	一 般 用 途
整流二极管	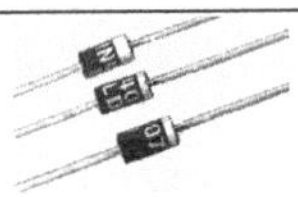 大多数采用塑封结构，也有个别采用玻璃封装结构	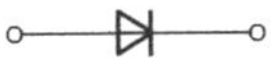	工作电流比普通二极管大，IN 系列塑封整流二极管 $I_F \geqslant 1A$	整流电路
稳压二极管	 与普通小功率整流二极管外形相似		稳压二极管反向电压达到一定值时，管子击穿。这时，两极间电压大小基本不变。二极管稳压就是利用反向击穿特性进行稳压	主要用来构成直流稳压电路
发光二极管	 管体一般用透明玻璃塑料制成		加足够正向电压，能够导通发光正向导通电压较大，为 1.5V～3V；加反向电压时，则截止不发光 一般而言，二极管工作电流增大，其发光相对强度增大	主要用于电源指示和信号电平指示灯电路等
开关二极管	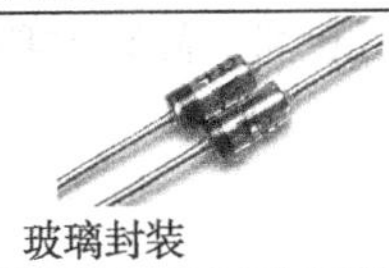 玻璃封装		正向电阻较大，一般为几千欧，反向电阻无穷大。具有开关特性	广泛用于逻辑运算、控制电路等
光电二极管	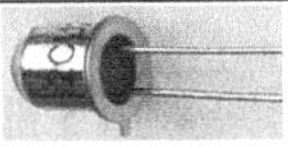 全密封，金属外壳，顶端玻璃透镜窗口		光电二极管工作在反向状态。无光照时，反向电流非常微弱；有光照时，反向电流迅速增大，即光电转换特性	用于光接收（如遥控器）、光电耦合等方面

2. 二极管主要特性和参数

二极管的单向导电特性是二极管的最基本和重要的特性，其特性表现在以下两个方面。

（1）二极管加正向电压时，存在一个“死区”，对于硅二极管，其范围为0～0.5V，对于锗二极管，其范围为0～0.2V。只有在正向电压超过0.5V（锗二极管为0.2V）之后，二极管才进入导通状态。

二极管导通时，通过的电流与两端电压之间呈非线性关系。

（2）二极管加反向电压时，反向电流很小，而且基本不随电压大小而变化，这一电流称为二极管的反向饱和电流。锗二极管的反向饱和电流比硅二极管的略大一些。

二极管的参数比较多，其主要参数如表3.5.2所示。

表3.5.2　　二极管主要参数

参　数	符　号	说　明
最大整流电流	I_F	二极管在长时间正常使用时允许通过的最大电流。使用时，不允许超过此值，否则将会烧坏二极管
反向电流	I_R	二极管在规定的反向偏置电压情况下通过二极管的反向电流。此电流值越小，表明二极管的单向导电性能越好
最大反向工作电压	V_{RM}	二极管正常工作时所能承受的最大反向电压值。对于普通二极管，使用时不允许超过此值

3. 三极管的分类和用途

三极管的核心是两个互相联系的PN结。其内部结构分为发射区、基区和集电区，由3个区引出的电极分别为发射极e、基极b、集电极c。按PN结的不同组合方式，三极管分为PNP型和NPN型两种，如图3.5.3所示为两种不同类型三极管的电路图形符号。

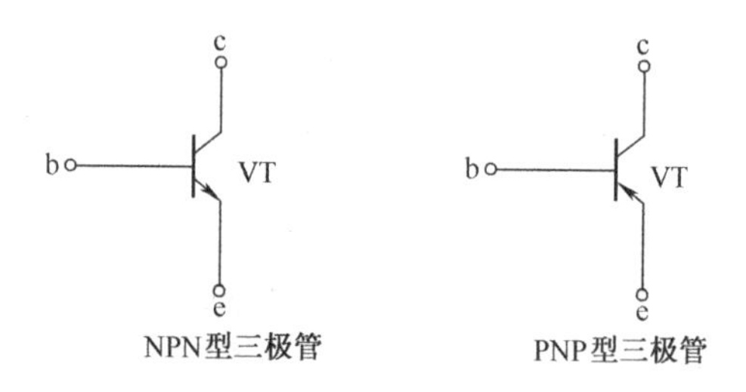

图3.5.3　晶体三极管电路图形符号

两种三极管在电路图形符号上是有区别的：PNP型管的发射极箭头向内，NPN型管的发射极箭头向外。三极管的文字符号是VT。

三极管的种类很多，从器件的材料方面划分，可以分为锗三极管、硅三极管；从器件性能方面划分，可分为低频小功率三极管、低频大功率三极管、高频小功率三极管、高频大功率三极管；从PN结类型来划分，可分为PNP型和NPN型三极管。

知识链接2　常用半导体器件的命名方法

半导体器件的种类很多，其型号的命名方法各个国家也不尽相同，一般由5部分组成。部分半导体器件的命名如表3.5.3所示。

表 3.5.3　　部分半导体器件的命名方法

<table>
<tr><th rowspan="2">型号
产地</th><th>一</th><th colspan="2">二</th><th>三</th><th>四</th><th colspan="2">五</th></tr>
<tr><th>序号意义</th><th colspan="2">字母意义</th><th>字母意义</th><th>字母意义</th><th colspan="2">字母意义</th></tr>
<tr><td rowspan="2">中国</td><td>2：二极管</td><td colspan="2">A：N 型锗材料
B：P 型锗材料
C：N 型硅材料
D：P 型硅材料</td><td>P：普通管
W：稳压管
Z：整流管
U：光电管
K：开关管</td><td></td><td colspan="2"></td></tr>
<tr><td>3：三极管</td><td colspan="2">A：PNP 型锗材料
B：NPN 型锗材料
C：PNP 型硅材料
D：NPN 型硅材料</td><td>X：低频小功率管
G：高频小功率管
D：低频大功率管
A：高频大功率管</td><td></td><td colspan="2"></td></tr>
<tr><td rowspan="2">日本</td><td>1：二极管</td><td colspan="2" rowspan="2">S（日本）</td><td></td><td></td><td colspan="2"></td></tr>
<tr><td>2：三极管</td><td>A：PNP 高频
B：PNP 低频
C：NPN 高频
D：NPN 低频</td><td>登记序号</td><td colspan="2">对原型号的改进</td></tr>
<tr><td rowspan="3">韩国</td><td>9011</td><td>9012</td><td>9013</td><td>9014</td><td>9015</td><td>9016</td><td>9018</td></tr>
<tr><td>NPN</td><td>PNP</td><td>NPN</td><td>NPN</td><td>PNP</td><td>NPN</td><td>NPN</td></tr>
<tr><td>高放</td><td>功放</td><td>功放</td><td>低放</td><td>低放</td><td>超高频</td><td>超高频</td></tr>
</table>

操作分析

操作分析 1　二极管的识别和检测方法

1. 二极管极性引脚的表示方法

当我们拿到二极管时，首先观察二极管的外形特性和引脚极性标记，以便分辨出二极管两个引脚的正、负极性。通常情况下，二极管外形极性标记有以下几种方法。

（1）在二极管的负极用一条色带标志，其表示方法如图 3.5.4（a）所示。

（2）图 3.5.4（b）所示的发光二极管有两个引脚，一般长引脚为正极，短引脚为负极。另外，发光二极管的管体一般呈透明状，管壳内的电极清晰可见，内部电极较宽较大的一个为负极，而较窄且小的一个为正极。

（3）在二极管的外壳上直接印有二极管的电路图形符号，根据电路图形符号判断二极管的极性，如图 3.5.4（c）所示。

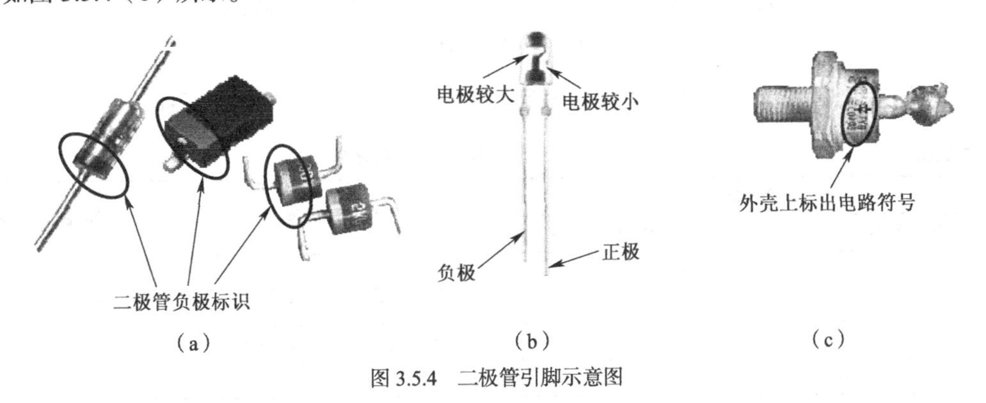

图 3.5.4　二极管引脚示意图

2. 用万用表检测二极管质量

（1）用万用表测量判断二极管的正、负极性的方法如图3.5.5所示。

根据二极管正向电阻小、反向电阻大的特点：

① 先将万用表欧姆挡旋钮置于R×100挡或R×1k挡；

② 用万用表的红、黑表笔任意测量二极管两引脚间的电阻值；

③ 交换万用表表笔再测量一次，如果二极管是好的话，两次测量结果必定一大一小；

④ 以阻值较小的一次测量为准，黑表笔所接的二极管一端为正极，红表笔所接的二极管一端为负极。

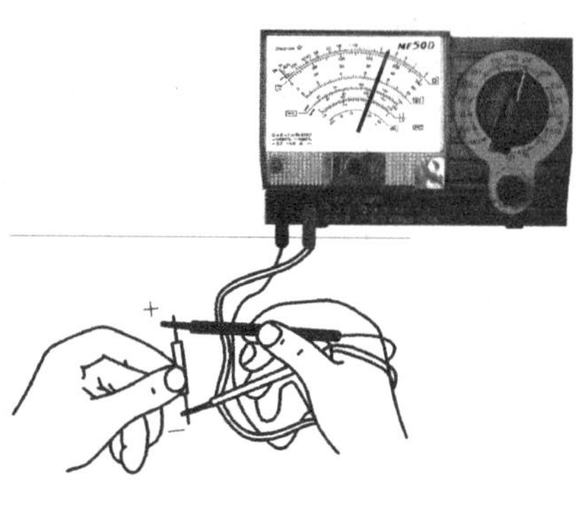

图3.5.5 判断二极管的正、负极

注意

- 一般情况下，测量小功率二极管时，不宜使用R×1挡或R×10k挡。因为R×1挡电流太大，R×10k挡电压过高，容易烧坏管子。
- 由于二极管是非线性元件，用不同灵敏度的万用表或不同倍率的欧姆挡进行测量时，所得数据也会不尽相同。

（2）用万用表检测二极管的质量。我们可以通过测量二极管的正向电阻、反向电阻鉴别二极管的质量好坏。

① 图3.5.6（a）所示为测量二极管正向电阻的示意图。将万用表置于R×1k挡，测量正向电阻时，万用表的黑表笔接二极管的正极，红表笔接二极管的负极。

② 图3.5.6（b）所示为测量二极管反向电阻的示意图。将万用表置于R×1k挡，测量反向电阻时，万用表的红表笔接二极管的正极，黑表笔接二极管的负极。

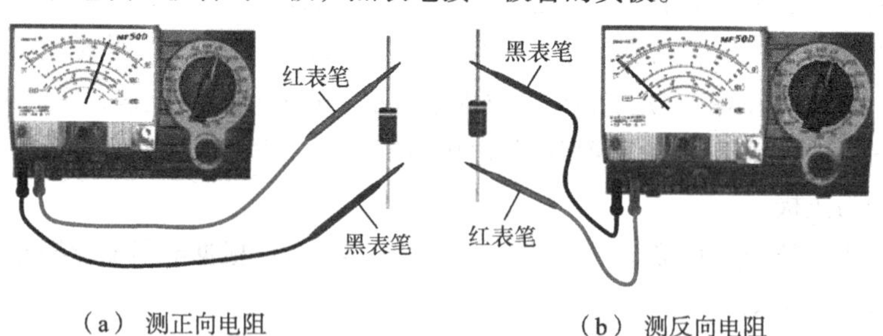

（a） 测正向电阻　　（b） 测反向电阻

图3.5.6 测量二极管正向电阻、反向电阻

③ 根据表3.5.4所示二极管正、反向电阻阻值变化判断二极管的质量好坏。

表3.5.4 二极管正、反向电阻值检测分析

检测结果		二极管状态	判断结果
正向电阻	反向电阻		
几百欧至几千欧	几十千欧至几百千欧	二极管单向导电	正常
趋于无穷大	趋于无穷大	二极管正、负极之间已经断开	开路
趋于零	趋于零	二极管正、负极之间已经通路	短路
二极管正向电阻增大	反向电阻减小	单向导电性变坏	性能变差

操作分析 2　三极管的识别和检测方法

1. 三极管引脚分布规律和识别方法

三极管引脚排列的方式因其封装形式的不同而不同。一般而言，三极管引脚的分布有一定的规律，可以通过引脚分布特征直接分辨三极管的 3 个引脚。表 3.5.5 所示为部分三极管引脚排列举例。

表 3.5.5　　三极管引脚识读

封装形式	外　　形	引脚排列位置	分布特征说明
塑料封装			面对切角面，引出线向下，从左至右依次为发射极 e、基极 b、集电极 c
			平面朝向自己，引出线向下，从左至右依次为发射极 e、基极 b、集电极 c
			面对管子正面（型号打印面），散热片为管背面，引出线向下，从左至右依次为基极 b、集电极 c、发射极 e
金属封装			面对管底，由定位标志起，按顺时针方向，引脚依次为发射极 e、基极 b、集电极 c
			面对管底，由定位标志起，按顺时针方向，引脚依次为发射极 e、基极 b、集电极 c、接地线 d，其中 d 与金属外壳相连，在电路中接地，起屏蔽作用
			面对管底，使带引脚的半圆位于上方，从左至右，按顺时针方向，引脚依次为发射极 e、基极 b、集电极 c
			面对管底，使引脚均位于左侧，下面的引脚是基极 b、上面的引脚为发射极 e，管壳是集电极 c。管壳上两个安装孔用来固定三极管

注意

- 三极管管脚排列有很多形式，使用者若不知其管脚排列时，应查阅产品手册或相关资料，不可主观臆断，更不可凭经验。
- 使用三极管时一定要先检测一下三极管的引脚排列，避免装错返工。

2. 中、小功率三极管检测

如果不知道三极管的型号及管子的引脚排列，一般可按下列方法进行检测判断。

（1）三极管基极和类型判断。

用万用表判断三极管基极的方法如图 3.5.7 所示，将万用表置于 R×1k 挡。

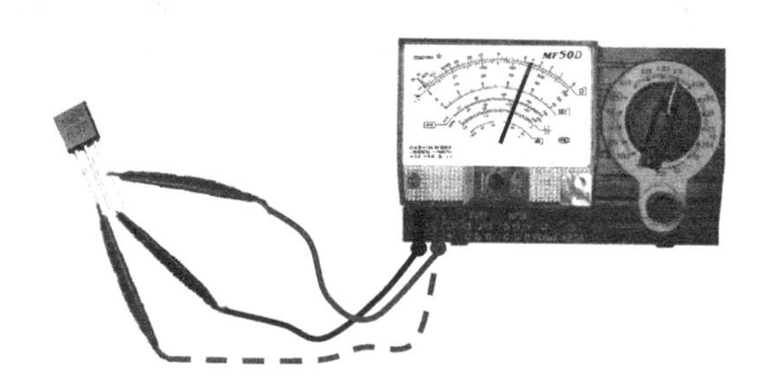

图 3.5.7　三极管管型判断

用万用表的第 1 支表笔依次接三极管的一个引脚，而第 2 支表笔分别接另两根引脚，以测量三极管 3 个电极中每两个极之间的正、反向电阻值。

当第 1 支表笔接某电极，而第 2 支表笔先后接触另外两个电极均测得较小电阻值时，则第 1 支表笔所接的那个电极即为基极 b。如果接基极 b 的第 1 支表笔是红表笔，则可判定三极管为 PNP 型；如果是黑表棒接基极 b，则可判定三极管为 NPN 型。

（2）三极管引脚的判断和β值估测。

选择能测量 h_{FE} 的万用表，如图 3.5.8 所示的 MF50 型指针式万用表。将万用表置于 h_{FE} 挡，根据被测三极管的管型，将三极管的基极引脚 b 插入 NPN 或 PNP 对应的插孔，另两个引脚分别插入 NPN 或 PNP 的其他插孔，以测量三极管的 h_{FE}（β），然后再将管子反插（基极 b 位置不变）再测一遍，两次测量结果明显不同，测得 h_{FE}（β）值比较大的一次时，三极管的 3 个引脚极性恰好分别对应 NPN 或 PNP 插孔上的 e、b、c。这时测得的 h_{FE} 值，即为该三极管的直流电流系数的估测值。若欲获得三极管 h_{FE} 的确切值，可以进一步通过晶体管特性图示进行测量。

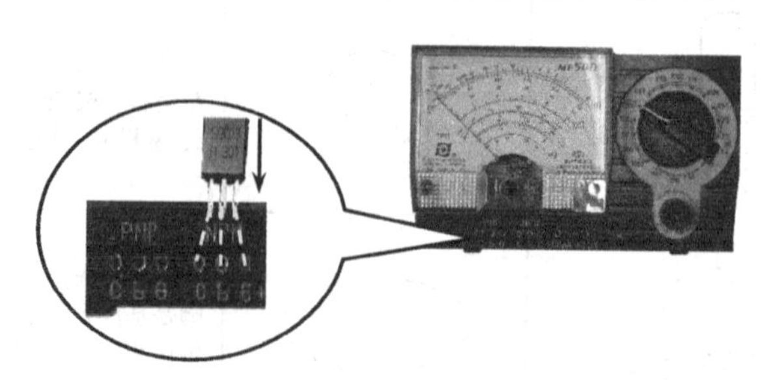

图 3.5.8　三极管 e、b、c 极的判别

（3）三极管性能简易判断。

简易判断三极管性能时，可将万用表置于 R×1k 挡，分别用红、黑表笔测量三极管各极间阻值，然后将测量结果对照表 3.5.6 大致判断管子好坏。

表 3.5.6　　三极管极间阻值分析

类型	测量电极	正向电阻	反向电阻	正向电阻	反向电阻	正向电阻	反向电阻
硅	b-e	几百欧至几千欧	大于 500kΩ	∞	0	几百欧至几千欧	小于 500kΩ
	b-c	几百欧至几千欧	大于 500 kΩ	∞	0	几百欧至几千欧	小于 500kΩ
	c-e	大于 2MΩ				大于 2MΩ	
	判断	正常		b-c、b-e 极开路	b-c、b-e 极短路	管子漏电大	
锗	b-e	几百欧至几千欧	大于 400kΩ	∞	0	几百欧至 1kΩ	小于 400kΩ
	b-c	几百欧至几千欧	大于 400kΩ	∞	0	几百欧至 1kΩ	小于 400kΩ
	c-e	大于几 kΩ				大于几 kΩ	
	判断	正常		b-c、b-e 极开路	b-c、b-e 极短路	管子漏电大	

技能训练　二极管和三极管的识别与检测

1. 训练目的

熟悉以万用表为检测工具，简单测试二极管和三极管的管脚极性并估量其性能优劣的方法。

2. 训练器材

（1）指针式万用表。

（2）二极管和三极管（各种类型、性能有差异）各 8 个，对每个晶体管进行编号，并对各管脚做一定的标识。

3. 训练步骤及内容

（1）按晶体管的编号顺序逐个从外表标志判断各晶体管的管脚名称，将结果填入表 3.5.7 中。

（2）用万用表再次逐个检测每个晶体管的极性，并将检测结果填入表 3.5.7 中。

表 3.5.7　　半导体检测记录

编号	电路符号	类型	引脚排列		编号	电路符号	管型	引脚排列	
			外表标志判断	检测结果				外表标志判断	检测结果
1					9				
2					10				
3					11				
4					12				
5					13				
6					14				
7					15				
8					16				

（3）任选两个二极管，用万用表估测比较两管子的单向导电性能（比较正、负电阻值）。

训练评价

1. 训练目标

使学生熟练地掌握电阻器、电容器、电感器、二极管、三极管等元器件的识读及检测技能，为电子整机产品的装接打下良好的基础。

2. 训练器材

万用表、红灯753—BY收音机元器件套件（见项目七的任务三）。

3. 训练内容和步骤

按要求对红灯753—BY收音机元器件进行检测，并将结果填入相应表中。

（1）元器件识别。

参照表3.5.8，做好元器件的识别记录。

表3.5.8　元器件识别记录

电阻器		电容器						电感器	
编号	标称阻值	编号	标称容量	编号	标称容量	编号	标称容量	编号	初、次级编号
R_1		C_1		C_{11}		C_{21}		T_1	初级：
R_2		C_2		C_{12}		C_{22}			次级：
R_3		C_3		C_{13}		C_{23}		T_2	初级：
R_4		C_4		C_{14}		C_{24}			次级：
R_5		C_5		C_{15}		C_{25}		T_3	初级：
R_6		C_6		C_{16}					次级：
R_7		C_7		C_{17}				T_4	初级：
R_8		C_8		C_{18}					次级：
R_9		C_9		C_{19}					
RP		C_{10}		C_{20}					

（2）元器件性能检测。

参照表3.5.9，做好元器件的检测记录（质量好的打"√"、坏的打"×"）。

表3.5.9　元器件检测记录

电阻器		电容器						电感器	
编号	检测结果	编号	检测结果	编号	检测结果	编号	检测结果	编号	检测结果
R_1		C_1		C_{11}		C_{21}		T_1	初级：
R_2		C_2		C_{12}		C_{22}			次级：
R_3		C_3		C_{13}		C_{23}		T_2	初级：
R_4		C_4		C_{14}		C_{24}			次级：
R_5		C_5		C_{15}		C_{25}		T_3	初级：
R_6		C_6		C_{16}					次级：
R_7		C_7		C_{17}				T_4	初级：
R_8		C_8		C_{18}					次级：
R_9		C_9		C_{19}					
RP		C_{10}		C_{20}					

（3）二极管、三极管的检测。

检测前，将二极管、三极管引脚做好编号。

① 用万用表判断二极管的极性，并鉴别其好坏。

② 用万用表判断三极管的引脚、类型，并鉴别其好坏。

③ 将检测结果填入表 3.5.10 中。

表 3.5.10　　二极管、三极管检测结果

<table>
<tr><th rowspan="2">编号
检测项目</th><th colspan="2">二　极　管</th><th colspan="3">三　极　管</th></tr>
<tr><th>VD_1</th><th>VD_2</th><th>VT_1</th><th>VT_2</th><th>VT_3</th></tr>
<tr><td rowspan="2">判断二极管极性</td><td>阳极：</td><td>阳极：</td><td></td><td></td><td></td></tr>
<tr><td>阴极：</td><td>阴极：</td><td></td><td></td><td></td></tr>
<tr><td>判断二极管性能</td><td></td><td></td><td></td><td></td><td></td></tr>
<tr><td rowspan="3">判断三极管引脚</td><td></td><td></td><td>e 极：</td><td>e 极：</td><td>e 极：</td></tr>
<tr><td></td><td></td><td>b 极：</td><td>b 极：</td><td>b 极：</td></tr>
<tr><td></td><td></td><td>c 极：</td><td>c 极：</td><td>c 极：</td></tr>
<tr><td>判断三极管类型</td><td></td><td></td><td></td><td></td><td></td></tr>
<tr><td>判断三极管性能</td><td></td><td></td><td></td><td></td><td></td></tr>
</table>

4. 技能评价

元器件识别和检测技能评价表如表 3.5.11 所示。

表 3.5.11　　元器件识别和检测技能评价表

<table>
<tr><td>班　级</td><td></td><td>姓名</td><td></td><td>学号</td><td></td><td>得分</td><td></td></tr>
<tr><td>考核时间</td><td></td><td colspan="6">实际时间：　　自　　时　　分起至　　时　　分</td></tr>
<tr><td>项　目</td><td colspan="3">考 核 内 容</td><td>配分</td><td colspan="2">评 分 标 准</td><td>扣分</td></tr>
<tr><td>电阻器的识读与检测</td><td colspan="3">1. 色环电阻的识读
2. 用万用表检测电阻阻值</td><td>20 分</td><td colspan="2">1. 不认识电阻，扣 20 分
2. 不能正确识读电阻色环，错一只扣 1 分
3. 不能正确使用万用表检测电阻，扣 5～10 分
4. 不能准确测量电阻阻值，错一只扣 2 分</td><td></td></tr>
<tr><td>电容器的识读与检测</td><td colspan="3">1. 识别电容器的容量、极性
2. 用万用表检测电容器极性、质量好坏</td><td>20 分</td><td colspan="2">1. 不认识电容器，扣 10 分
2. 不能正确识读电容器的容量、极性，错一只扣 1 分
3. 不能正确使用万用表检测电容器的好坏、极性，扣 5 分～10 分</td><td></td></tr>
<tr><td>变压器的检测</td><td colspan="3">用万用表测量判断变压器的好坏</td><td>15 分</td><td colspan="2">1. 量程选择错误，错一只扣 3 分
2. 不能判断变压器好坏，错一只扣 3 分</td><td></td></tr>
<tr><td>晶体管的检测</td><td colspan="3">1. 用万用表检测二极管
2. 用万用表检测三极管</td><td>30 分</td><td colspan="2">1. 二极管极性检测错误，每个扣 1.5 分
2. 三极管类型检测错误，每个扣 1.5 分
3. 不能正确判断二极管质量好坏，每个扣 1.5 分
4. 不能正确判断三极管质量好坏，每个扣 1.5 分</td><td></td></tr>
<tr><td>安全文明生产</td><td colspan="3">严格遵守操作规程</td><td>15 分</td><td colspan="2">1. 损坏、丢失元件，扣 1～5 分
2. 物品随意乱放，扣 1～5 分
3. 违反操作规程，酌情扣 1～10 分</td><td></td></tr>
<tr><td>合计</td><td colspan="3"></td><td>100 分</td><td colspan="2"></td><td></td></tr>
<tr><td colspan="8">教师签名：</td></tr>
</table>

项目小结

（1）万用表可以用于测量电阻、电压和电流值，同时也是检测二极管、三极管等半导体器件的常用测量仪器。万用表的使用操作是否规范涉及人身和仪表的安全，切记安全第一。

（2）电阻器、电容器、电感器是构成电子电路的基本元件。电阻器可分为固定电阻器、可变电阻器和特殊电阻器；电容器也可分为固定电容器、可变电容器以及微调电容器；凡能产生电感作用的元件通称为电感元件，也称为电感器。在电子整机电路中，电感器主要指线圈、变压器等。

（3）常用半导体器件有二极管、三极管、集成电路等。二极管具有单向导电性能，其性能良好时，正向电阻较小，约几千欧；反向电阻趋于无穷大。二极管按用途可分为普通二极管、整流二极管、开关二极管、发光二极管、稳压二极管、光电二极管等，不同用途的二极管其外形特征、主要技术参数各不相同。

三极管有NPN型和PNP型两种，具有电流放大作用，是信号放大和处理的核心器件。

思考与练习

一、填空题

1. 二极管最主要的特性是________，使用时应考虑的两个主要参数是________和________。

2. 电容器常用的单位有________、________、________等。

3. 用指针式万用表判断二极管的性能好坏和引脚正、负极性时，一般将万用表欧姆挡调整到________挡或________挡，此时万用表的红表笔接的是表内电池的________极，黑表笔接的是表内电池的________极。

4. 理想二极管正向电阻趋于________，反向电阻趋于________，相当于一个________。

5. 根据电路符号填写下列内容：

电路符号				
器件名称				
功能				
偏置极性				

二、简答题

1. 什么是电阻器的标称值和误差？

2. 电路图中标出的电阻值是电阻器的实际值还是标称阻值？

3. 怎样用指针式万用表正确测量电阻值？

4. 如何识别色环电阻器上的第1环？

5. 如何用万用表来判别电容器的好坏，并对其质量进行定性分析？

6. 如果电解电容器的标记看不清楚，如何判断其极性呢？

7. 晶体二极管极性的外形标记常见有几种方法？

8. 通过三极管引脚分布特征如何识别三极管的引脚？

项目四

电子实训准备工序

如果你在老师的指导下，打开收录机、电视机的后盖，那么，首先出现在你眼前的电子线路板上布满了各种形状的元器件和颜色各异的导线，如图 4.1 所示。可别小看这块线路板，现在你看到的元器件非常整齐、错落有致地安装在线路板上；各色导线也像被梳理之后连接在各个零部件上。但是，你可知道在完成这些产品装配之前，要经过多少道准备工序吗？

图 4.1　线路板实样图

在本项目的训练中，我们将让大家了解和掌握电子整机产品装配前导线的加工和元器件引线的成型工艺。

知识目标

- 了解导线的种类及选用。
- 认识各种电子装配工具及其用途。
- 掌握导线、元器件引线的加工成型工艺。

技能目标

- 掌握钳口、剪切、紧固工具的日常维护方法。
- 能正确选用合适的工具对导线、元器件引线进行加工处理。

任务一　装配工具的使用

在电子整机产品的装配过程中，我们经常需要对导线进行剪切、剥头、捻线等加工处理；对元器件的引线加工成型等。在没有专用工具和设备或只需加工少量元器件引线时，要完成这些准备工序往往离不开钳口、剪切、紧固等常用手工工具的使用。俗话说：“工欲善其事，先必利其器”。

下面让我们先来认识一下这些工具，并熟练掌握它们的使用方法和使用技巧。

知识链接1  钳口工具

在产品装配过程中，经常需要夹持元器件的引出线、导线和一些零部件，这时，往往会用到各类钳口工具，表4.1.1所示为常用钳口工具的外形图、名称及其用途。

表4.1.1　　常用钳口工具的外形图、名称及其用途

外　形　图	工具名称	俗　称	外形特征	用　　途
	尖嘴钳	修口钳	头部尖细	一般用来夹持小螺母、小零部件，尖嘴钳一般带有绝缘套柄，使用方便，且能绝缘
	平嘴钳	扁嘴钳	头部扁平	主要用来拉直裸导线、导线及元器件引线成型。也可以在给晶体管、热敏元件引脚涂锡时，用平嘴钳夹住引线，以便散热
	圆嘴钳	圆头钳	钳头部位成圆锥形	可以根据安装需要，利用它很方便地将导线端头或元器件引线弯成一个个不同直径的圆环，以便于安装
钳口 刀口 齿口	钢丝钳	老虎钳	钳头部位成长方形	钳口用于弯绞和钳夹线头或拧断其他薄板等材料 齿口可用来紧固或拧松螺母 刀口用于切断电线、削剥导线绝缘层
	镊子		医用镊子头部较宽 普通镊子头部尖细	镊子的主要用途是在手工焊接时夹持导线和元器件，防止其移动

知识链接2  剪切工具

偏口钳、剥线钳、剪刀、电工刀等是剪切各类导线和电缆的常用工具。

1. 偏口钳

偏口钳又称斜口钳，外形如图4.1.1所示。偏口钳主要用于剪切导线，尤其是剪掉印制线路板焊接点上多余的引线，选用偏口钳效果最好。偏口钳还经常代替一般剪刀剪切绝缘套管等。

2. 剥线钳

剥线钳种类很多，其常见外形如图4.1.2所示。剥线钳适用于各种线径橡胶绝缘电线、电缆芯线的剥皮，它的手柄是绝缘的。用剥线钳剥线的优点在于使用效率高，剥线尺寸准确，不易损伤芯线。还可根据被剥导线的线径大小，在钳口处选用不同直径的小孔，以达到不损坏芯线的目的。

3. 剪刀

剪切金属线材用剪刀，其头部短而且宽，刃口角度较大，能承受较大的剪切力。

4. 电工刀

电工刀是一种常用的切削工具，其刀柄结构没有绝缘，不能在带电导体上使用电工刀进行操作，以免触电。常见电工刀外形如图 4.1.3 所示。

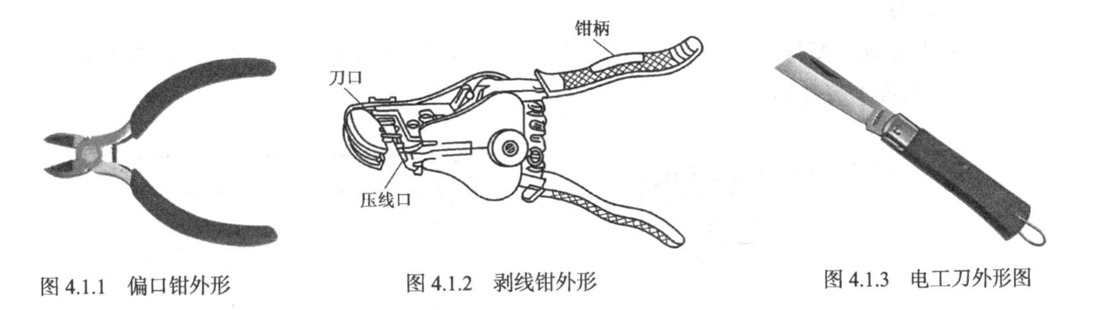

图 4.1.1　偏口钳外形　　图 4.1.2　剥线钳外形　　图 4.1.3　电工刀外形图

知识链接 3　螺钉旋具

如果要紧固、拆卸螺钉和螺母，应选用螺钉旋具、螺母旋具等紧固工具来完成。

1. 螺钉旋具

螺钉旋具俗称螺丝刀、改锥和起子。它有多种分类，按头部形状的不同，可分为一字形和十字形两种。各种螺丝钉旋具的外形如图 4.1.4 所示。

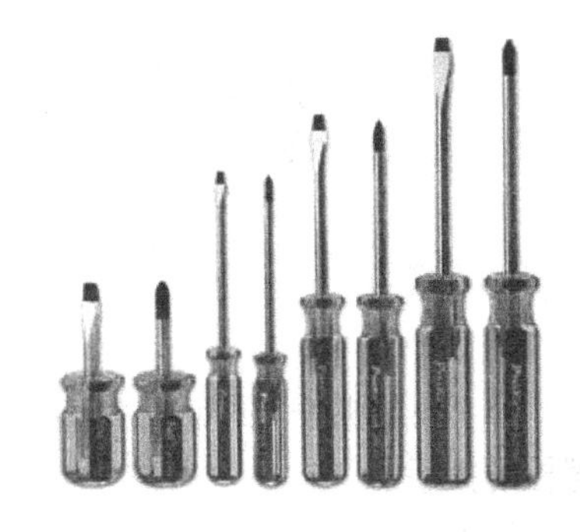

图 4.1.4　各种螺钉旋具的外形

（1）一字形螺钉旋具。当我们需要旋转一字槽螺钉时，应选用一字形螺钉刀。使用前，必须使螺钉刀头部的长短和宽窄与螺钉槽相适应。否则，在旋沉头螺钉时，会因螺钉刀头部过宽,造成用力过大而损坏螺钉槽口和安装部件的表面；若螺钉刀头部过于尖锐，不但不能将螺钉旋紧，还容易损坏螺钉槽。

（2）十字形螺钉旋具。十字形螺钉刀用来旋转十字槽螺钉，其安装强度比一字形螺钉刀大，而且容易对准螺钉槽。使用时，也必须注意螺钉刀头部与螺钉槽相一致，以避免损坏螺钉槽。

螺钉旋具的正确使用方法如图 4.1.5 所示。

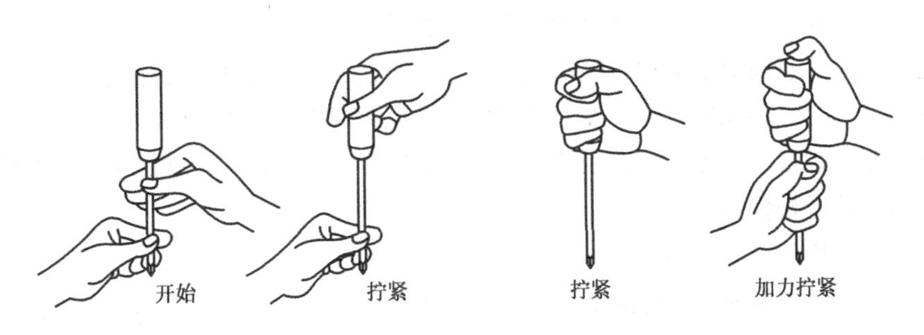

图 4.1.5　螺钉旋具使用示意图

除以上手动螺钉旋具外，在流水生产线上广泛使用的是气动螺钉旋具。其特点是体积小、质量轻、操作灵活。

小技巧

- 尺寸合适的螺钉旋具会填满螺钉的槽孔，同时把压力施加于四壁。
- 螺钉旋具使用时，旋杆必须与螺钉槽面垂直，用力平稳，推压和旋转要同时进行。

2. 螺母旋具

紧固、拆卸螺栓和螺母的常用手工工具是扳手，其外形如图 4.1.6 所示。常用扳手有活动扳手、固定扳手、套筒扳手等几种。

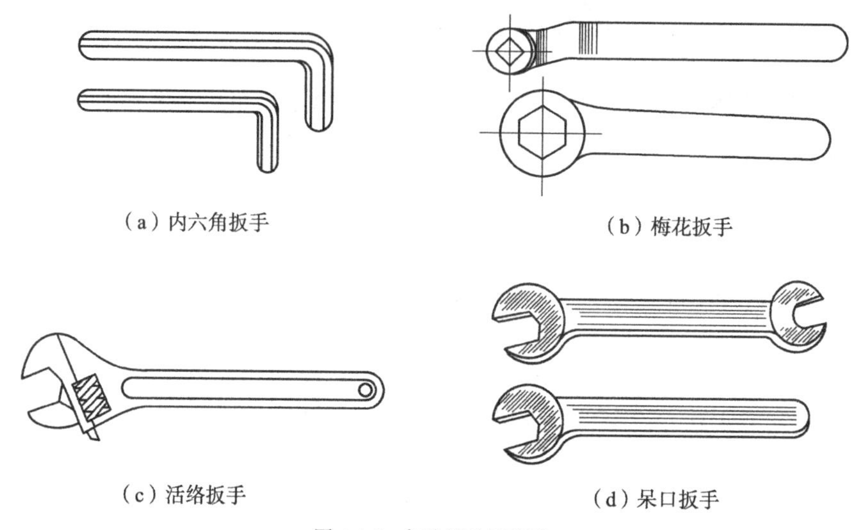

（a）内六角扳手　（b）梅花扳手　（c）活络扳手　（d）呆口扳手

图 4.1.6　各种扳手外形图

（1）固定扳手。固定扳手又称呆口扳手，是一种只能紧固或拆卸一种规格六角头或方头螺母、螺栓的扳手。

（2）活动扳手。活动扳手的开口宽度可以调节，用于一定尺寸范围的六角、四方螺栓及螺母的紧固或拆卸。其规格以最大开口宽度乘扳手长度表示。

（3）内六角扳手用于拧紧或拆卸内六角头螺钉。一套内六角扳手有大小不同的几种规格以适应不同大小的螺钉。

（4）梅花扳手与呆口板手相似，但只适应于六角螺栓、螺母。其特点是承受扭矩力大，使用安全，特别适用较狭小、凹坑、不能容纳单头呆口扳手的场合。

（5）套筒扳手。套筒扳手又称为螺帽起子，它的手柄、旋杆与螺丝刀相同，端头为圆柱形。这种扳手是成套的，一种规格只能装配一种螺母，常见的规格有 M3、M4、M5 等。螺帽起子对于快速拆卸或紧固螺母是一种非常有用的工具。其使用方法与螺丝刀一样，用单手旋转。使用时应注意不要将螺母或把柄过分紧固。

装配工具的使用注意事项如下。

（1）严禁使用绝缘柄破损、开裂的钳口工具在非安全电压范围内操作，以确保使用者人身安全。

（2）使用偏口钳剪切线头时，钳口应朝下剪线，以防止剪下的线头飞溅伤人眼部。

（3）不允许用偏口钳剪切螺钉及较粗的钢丝等，否则易损坏钳口。

（4）尖嘴钳头部较细，为防止其断裂，不宜用其敲砸物体。

任务二　导线的加工

导线是电子产品中必不可少的线材，很多电气连接主要依靠各种规格的导线来实现。有些电子整机产品的质量问题，往往是由于导线线头加工不良而引起的。因此，导线线头加工是电子实训的一项最基本的操作工艺，必须正确掌握其加工工艺要求。

基础知识

知识链接 1　电线和电缆的分类

导线包括各种规格的电线和电缆。常用的电线和电缆有裸导线、电磁线、电线电缆等，图 4.2.1 所示为各类常用导线示意图。

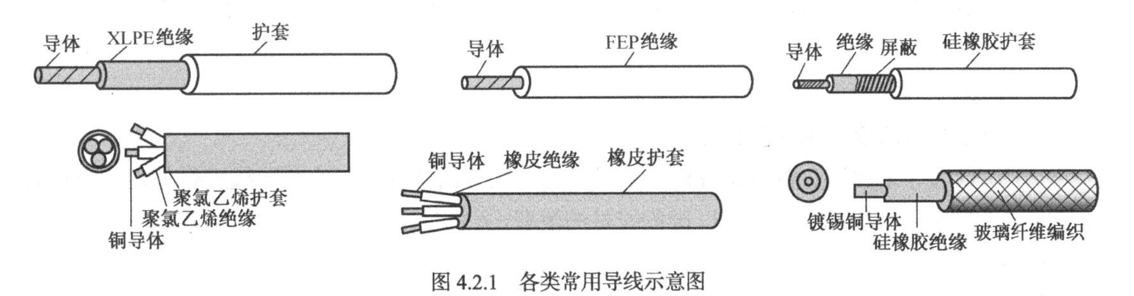

图 4.2.1　各类常用导线示意图

裸导线是指没有绝缘层的单股或多股铜线、镀锡铜线、架空绞线等，主要用于架空连接线、电子设备中接地连接线、元器件的引出线等。

电磁线是指有绝缘层的圆形或扁形铜线。绝缘方式有涂漆和漆层外缠绕丝包、纸两种。例如，绕制变压器的漆包线和收音机天线线圈所用的多股纱包线都属于电磁线。

绝缘电线电缆一般由导电的芯线、绝缘层和保护层组成。它的分类方式有多种，按芯线线数分，有单芯、二芯、三芯和多芯；按使用要求分，有硬线、软线、移动线、特别柔线等，并有各种不同规格的线径。它主要用做交直流电气设备及照明线路中的连接线，250V 以下电器仪表及自动化装置等设备的屏蔽线。

知识链接 2　电线电缆的组成

电线电缆因其用途不同而结构各异，主要由芯线、绝缘层、屏蔽层、护套等部分组成。

（1）芯线称为导体，在电子设备中其导体材料为铜丝或铜绞丝。

（2）绝缘层用来隔离相邻导体或防止导体之间发生接触，要求有良好的绝缘性能和适当的机械物理性能，其使用的绝缘材料主要有聚乙烯、聚氯乙烯、橡胶等。

（3）屏蔽层用以抑制电路内外电场的干扰。屏蔽层一般用金属带绕包或用细金属丝编织而成，也有采用多层复合屏蔽、镀膜屏蔽和管状导体。

（4）护套是包裹在电线电缆和屏蔽外表面的保护层，起防潮和机械保护作用。护套常用的材料有聚氯乙烯管（带）、尼龙编织套等。

屏蔽线实物如图 4.2.2 所示。

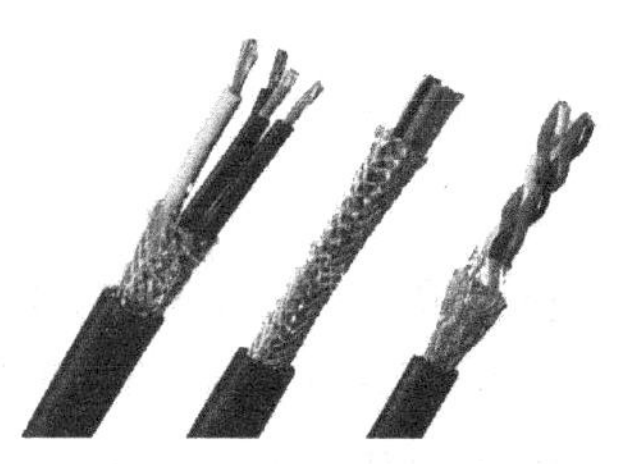

图 4.2.2　屏蔽线实物外形图

操作分析

导线的加工有绝缘导线加工、屏蔽电缆线加工等。

操作分析 1  绝缘导线加工

绝缘导线在加工过程中，绝缘层不允许损坏或烫伤， 否则会降低绝缘性能。其加工工序一般为：剪裁→剥头→捻头→上锡。

1. 剪切

（1）将绝缘导线或细裸导线拉直。

（2）用剪刀、钢丝钳、偏口钳等钳口工具按工艺文件的导线加工表对导线进行剪切，剪切时应先剪切长导线，后剪切短导线，以避免线材的浪费。

2. 剥线

剥线是去除导线和电缆的绝缘层和保护层，露出导线的首、尾端，使导线首、尾端能事先上锡，以便同接点连接，并使接点处具有良好的导电性能。剥头时不应损坏芯线（断股）。剥头长度应符合工艺文件对导线的加工要求，其常见尺寸是2mm、5mm、8mm、10mm 等，实际尺寸视具体工艺要求而定。

（1）剥线的一般原则。

① 导线和电缆外表有多层绝缘或护套。剥线时，由外向内剥去。剥线长度也是按最外层剥去长度最长，内层要短一些的层次进行，最内层为最短。经剥头后的单芯线和有护套的三芯线如图 4.2.3 所示。

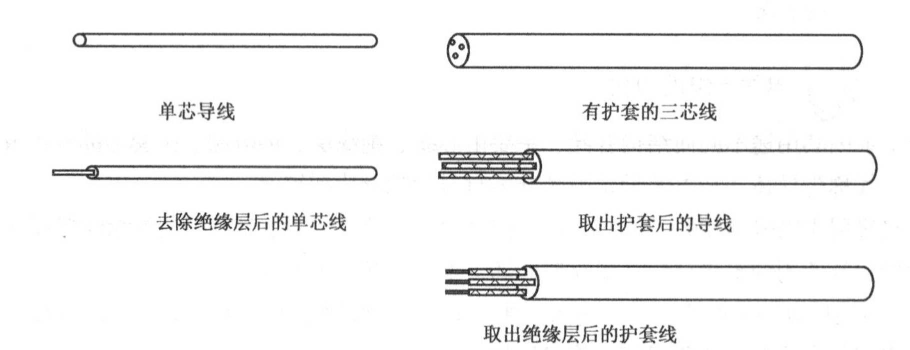

图 4.2.3　导线剥线过程

② 使用和调节所有剥线工具时，要注意不使刀具刃口切割到导线芯线。产生切割凹槽的芯线（见图 4.2.4）截面减小，并且很容易断裂。

③ 剥线时，不应损伤芯线表面的镀层，保持可焊性和连接可靠性。

（2）剥线方法。剥线常用工具有自动剥线钳、剪刀、钢丝钳等。

① 自动剥线钳剥线。利用自动剥线钳可以很方便地对不同规格的导线进行剥线处理。具体操作方法如下。

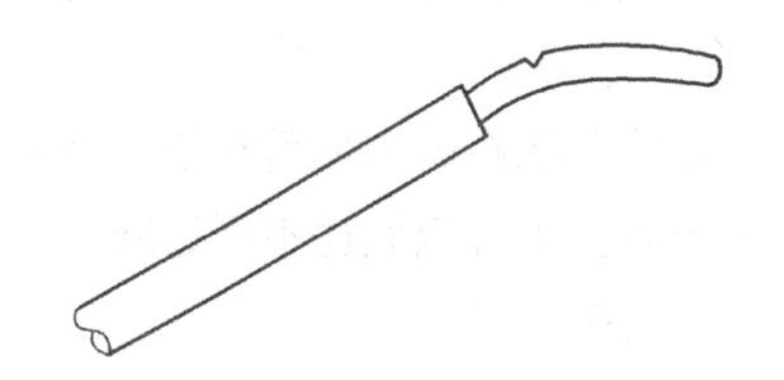

图 4.2.4　剥线时刀具的损伤凹槽造成导线折断

- 一手握着待剥导线，另一手握住钳柄。
- 按规定长度把导线插入剥线钳相应的刃口内。

一定要使刀刃的切口与被剥的导线线径相适应，否则会出现损伤芯线或拉不断绝缘层的情况。

- 右手用力压紧剥线钳，刀刃切入绝缘层内。
- 右手松开剥线钳，夹爪夹住导线，绝缘层便脱离导线。
- 拉出剥下的绝缘层。

② 剪刀和钢丝钳剥线。用剥线钳剥离绝缘层固然方便，但剪刀、钢丝钳和电工刀是最常见的工具，因此必须学会用它们来剥离绝缘层的方法。具体操作方法如下。

- 根据线头所需长度，用刀口轻切绝缘层，并在切口处多次弯曲导线。
- 用手握住钳子用力向外勒去绝缘层。与此同时，另一手把紧电线反向用力配合动作，最终将绝缘层剥离芯线。

对于规格较大的导线，也可用电工刀来剖削绝缘层。具体方法如图 4.2.5 所示。

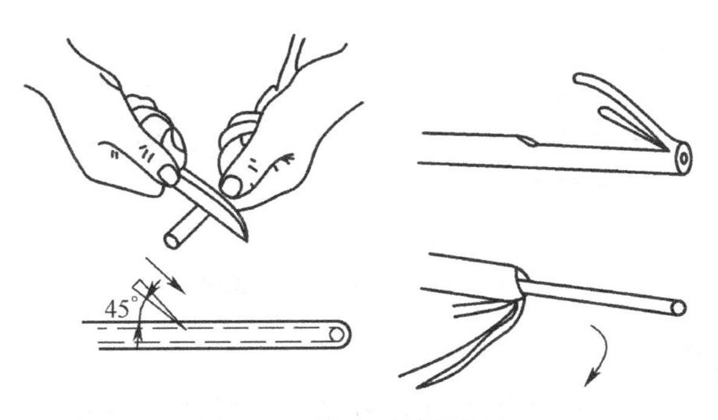

图 4.2.5　电工刀剥头的方法

- 在导线规定的长度处，用刀口以 45° 倾斜角切入导线绝缘层。
- 刀面与线芯保持 15° 左右的角度，用力向外削出一条缺口，然后将绝缘层剥离线芯。
- 将导线反方向扳转，用电工刀将导线切口处的绝缘层切齐。

提示

不可损伤导线的线芯。

此外，对于漆包线宜用细砂纸去除线头的漆膜，如图 4.2.6 所示。用一张折叠的细砂纸包在规定的剥线长度处，轻轻地打磨漆膜，重复这一过程，直到漆膜完全去除为止。线芯易于折断，剥线时必须细心留意。

3. 捻头

多股芯线在剥头之后有松散现象，需要捻紧以便镀锡焊接。捻头要捻紧，不许散股也不可捻断，捻过之后的芯线，其螺旋角一般在 40° 左右。

4. 上锡

浸锡后线芯表面应光洁、均匀，不允许有毛刺；绝缘层不能有起泡、烫焦、破裂等现象。

图 4.2.6 用细砂纸去除漆包线漆膜示意图

操作分析 2 屏蔽电缆线加工工艺

为了防止因导线周围电磁场的干扰而影响电路正常工作，在导线外加上金属屏蔽层，构成屏蔽电线电缆。

1. 屏蔽层抽头工艺

电缆线加工除一般导线加工要求外，还要将金属屏蔽层与线芯分开，俗称屏蔽层抽头。

屏蔽导线的屏蔽层端到绝缘层端应根据工艺要求留出一定长度不带屏蔽层的导线，一般绝缘层不宜太长。

抽头操作工艺如下。

（1）如图 4.2.7（a）所示，将屏蔽层的铜网放松，用划针在铜网适当距离处挑出一个小孔，并用镊子把小孔扩大。

（2）弯曲屏蔽层，从孔中取出芯线，如图 4.2.7（b）所示。

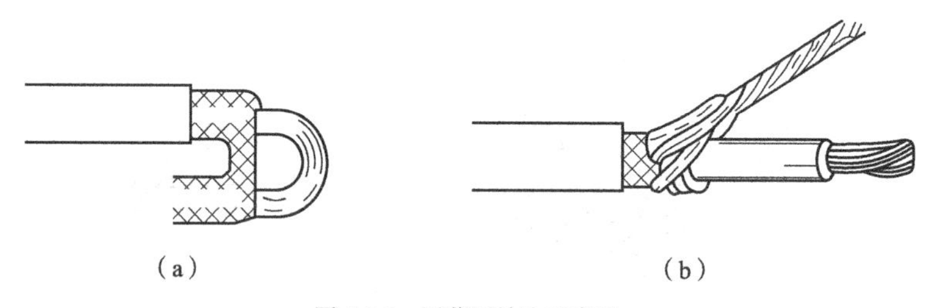

（a）　（b）

图 4.2.7 屏蔽层抽头示意图

2. 屏蔽层端头处理

屏蔽导线的端头处理方法分为屏蔽层非接地端处理和接地端处理。

（1）屏蔽层非接地端处理。

① 将屏蔽层端头处扩张、修齐，套上绝缘套管，并用棉丝绳绑扎。

② 在屏蔽层和导线之间垫聚四氟乙烯薄膜，再用细铜线缠绕后沿四周镀锡。

（2）屏蔽层接地端处理。

① 直接引出接地。将屏蔽层线端浸锡，浸锡时用尖嘴钳夹持，防止浸锡的上渗，损伤铜网和芯线的绝缘层，如图 4.2.8 所示。

② 铜线引出接地。根据耐压剪去一段金属屏蔽层，再将屏蔽层端金属线拧在一起，用镀银铜线进行绕焊，如图 4.2.9 所示。

③ 导线引出接地。在屏蔽层焊一根事先准备好的绝缘线，如图 4.2.10 所示。

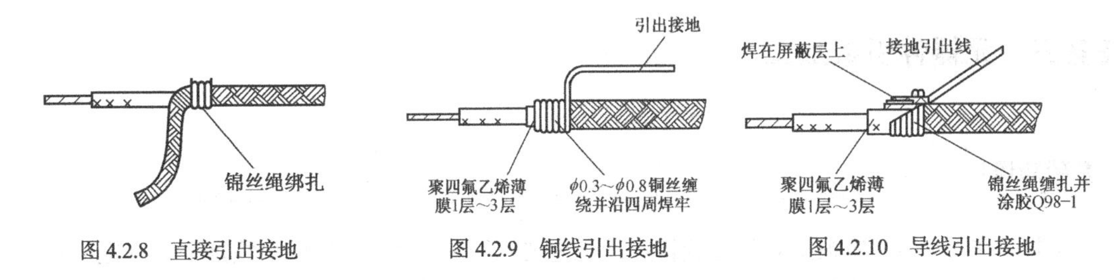

图 4.2.8　直接引出接地　　图 4.2.9　铜线引出接地　　图 4.2.10　导线引出接地

训练评价

1. 训练目标

使学生熟练掌握导线加工的基本操作技能。

2. 训练器材

（1）不同规格的剥线钳、剪刀、钢丝钳、电工刀、斜口钳、钢皮尺等工具。

（2）各种规格的导线。

3. 训练内容

（1）选用合适工具对导线进行剪切练习。

（2）分别用剥线钳、剪刀、电工刀对废旧各种规格导线作剖削练习（要求逐步做到不剖伤芯线和绝缘层）。

（3）用正确的方法对剥头后的多股导线进行捻头处理。

4. 技能评价

导线加工训练评价如表 4.2.1 所示。

表 4.2.1　　导线加工训练评价表

<table>
<tr><td>班　级</td><td></td><td>姓名</td><td></td><td>学号</td><td></td><td>得分</td><td></td></tr>
<tr><td>考核时间</td><td></td><td colspan="6">实际时间：　自　时　分起至　时　分</td></tr>
<tr><td>项　目</td><td colspan="3">考 核 内 容</td><td>配分</td><td colspan="2">评 分 标 准</td><td>扣分</td></tr>
<tr><td>工具使用</td><td colspan="3">1. 能按不同用途选用合适的工具
2. 各种工具使用方法正确</td><td>20</td><td colspan="2">1. 各种工具用途不明确，扣 4～10 分
2. 各种工具使用方法不正确，扣 4～10 分</td><td></td></tr>
<tr><td>导线剪切</td><td colspan="3">按工艺要求剪切各种规格的导线</td><td>20</td><td colspan="2">导线尺寸不正确，每根扣 2 分</td><td></td></tr>
<tr><td>剥线</td><td colspan="3">1. 导线绝缘层完好无损
2. 导线的芯线无凹槽、刮痕</td><td>30</td><td colspan="2">1. 导线绝缘层破裂、烫伤，每根扣 3 分
2. 导线的芯线损伤，扣 3 分</td><td></td></tr>
<tr><td>捻头</td><td colspan="3">多股芯线不松散、无断股</td><td>10</td><td colspan="2">芯线松散、断股，每根扣 3 分</td><td></td></tr>
<tr><td>安全文明生产</td><td colspan="3">严格遵守安全文明操作规程</td><td>20</td><td colspan="2">违反安全文明操作规程，酌情扣 5～20 分</td><td></td></tr>
<tr><td>合计</td><td colspan="3"></td><td>100</td><td colspan="2"></td><td></td></tr>
<tr><td colspan="8">教师签名：</td></tr>
</table>

任务三　元器件引线加工

基础知识

元器件在安装前，应根据安装位置特点及工艺要求，预先将元器件的引线加工成一定的形状。成型后的元器件既便于装配，提高装配效率，又能加强元器件安装后的防震能力，保证电子设备的可靠性。

知识链接　元器件成型工艺要求

由于手工、自动两种不同焊接技术对元器件的插装要求不同，元器件引出线成型的形状有两种类型：手工焊接形状和自动焊接形状，如图 4.3.1 所示。

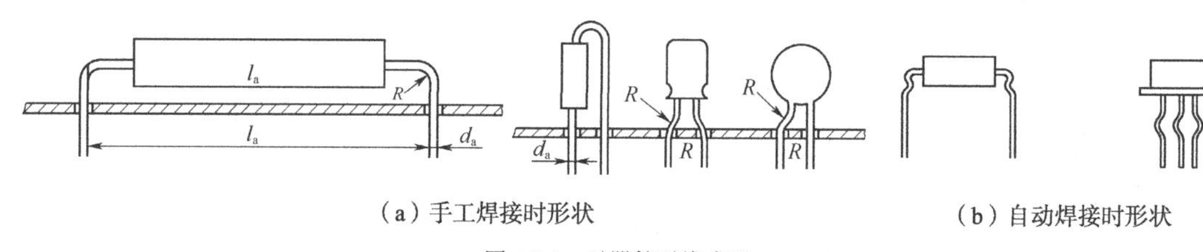

图 4.3.1　元器件引线成型

元器件成型的工艺要求如下。

（1）引线成型后，引线弯曲部分不允许出现模印、压痕和裂纹。

（2）引线成型过程中，元器件本体不应产生破裂，表面封装不应损坏或开裂。

（3）引线成型尺寸应符合安装尺寸要求。

（4）凡是有标记的元器件，引线成型后，其型号、规格、标志符号应向上、向外，方向一致，以便于目视识别。

（5）元件引线弯曲处要有圆弧形，其半径 *R* 不得小于引线直径的 2 倍。

（6）元件引线弯曲处离元器件封装根部至少 2mm 距离。

操作分析

在工厂大批量生产时，元器件引线成型往往用自动折弯机、手动折弯机等专用设备。但在少量元器件加工或无专用成型机的条件下，为了保证元器件成型质量和成型的一致性，可使用镊子、尖嘴钳等工具或简易模具将引出脚加工成型。

操作分析 1　轴向引线型元器件的引线成型加工

轴向引线型元器件有电阻器、整流二极管、稳压管等，一般它们的安装方式有两种，一种是卧式安装，另一种是立式安装，如图 4.3.2 所示。具体采用何种安装方式，可视电路板空间和安装位置大小来选择。

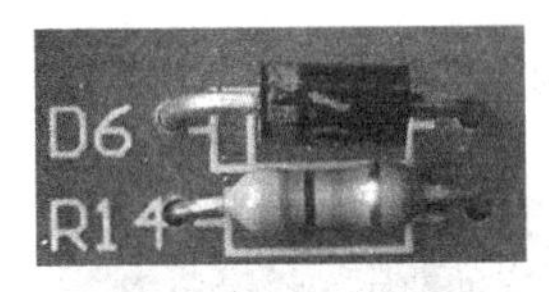

图 4.3.2　轴向引线型元器件的安装

1. 卧式安装引线加工方法

（1）一般用镊子（或扁嘴钳）在离元器件封装点约 2mm～3mm 处夹住其某一引脚。

（2）再适当用力将元器件引脚弯成一定的弧度，如图 4.3.3 所示。

图 4.3.3　卧式元器件成型示意图

（3）用同样的方法对该元器件另一引脚进行加工成型。

（4）引线的尺寸要根据印制板上具体的安装孔距来确定，且一般两引线的尺寸要一致。

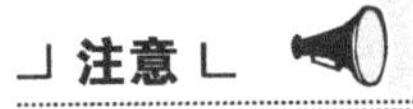

弯折引脚时不要采用直角弯折，且用力要均匀，尤其要防止玻璃封装的二极管壳体破裂，造成管子报废。

2. 立式安装引线加工方法

使用合适的钟表改锥或镊子在元器件的某引脚（一般选元器件有标记端）离元器件封装点约 3mm～4mm 处将该引线弯成半圆形状，如图 4.3.4 所示。实际引线的尺寸要视印制板上的安装位置孔距来确定。

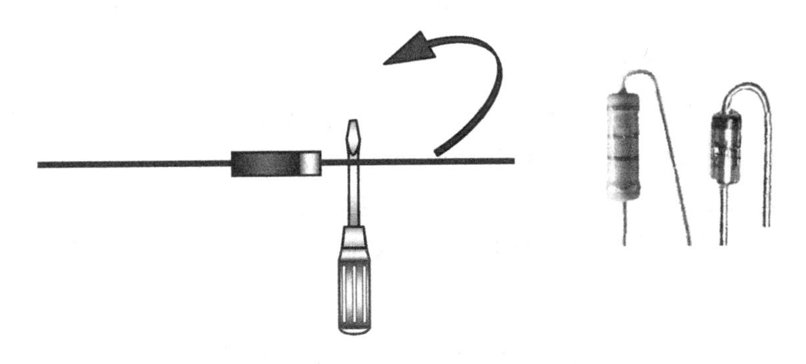

图 4.3.4　立式元器件成型示意图

操作分析 2　径向引线型元器件的引线成型加工

径向引线型元器件有各种电容器、发光二极管、光电二极管以及各种三极管等，常见的插装工艺如图 4.3.5 所示。

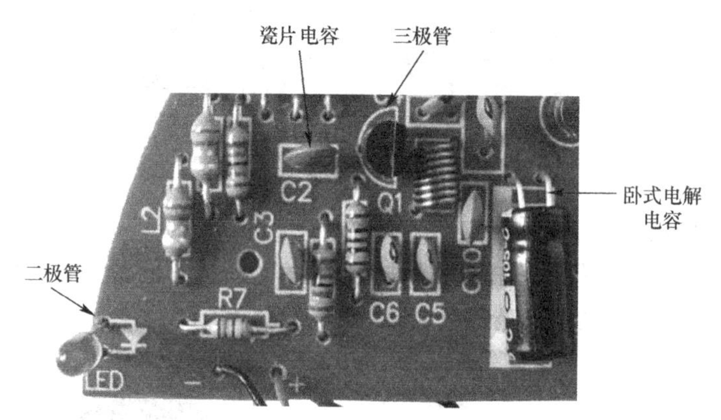

图 4.3.5　径向型元器件插装示意图

1. 电解电容器引线的加工成型方法

（1）立式电容加工方法是用镊子先将电容器的引线沿电容主体向外弯成直角，离开 4mm～5mm 处再弯成直角。但在印制板电路上的安装要根据印制板孔距和安装空间的需要确定成型尺寸。

（2）卧式电容加工方法是用镊子分别将电解电容的两个引线在离开电容主体 3mm～5mm 处弯成直角，如图 4.3.6 所示。但在印制板电路上的安装要根据印制板孔距和安装空间的需要确定成型尺寸。

2. 瓷片电容器和涤纶电容器引线加工成型方法

用镊子将电容器引线向外整形，并与电容主体成一定角度，如图 4.3.7 所示。在印制板电路的安装时，需视印制板孔距大小确定引线尺寸。

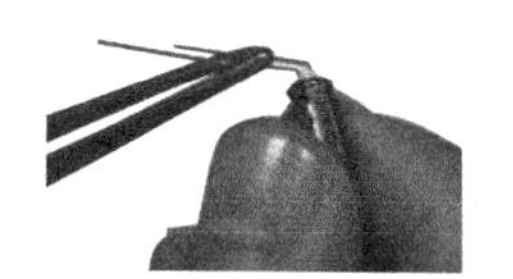

图 4.3.6　电解电容器引线成型示意图

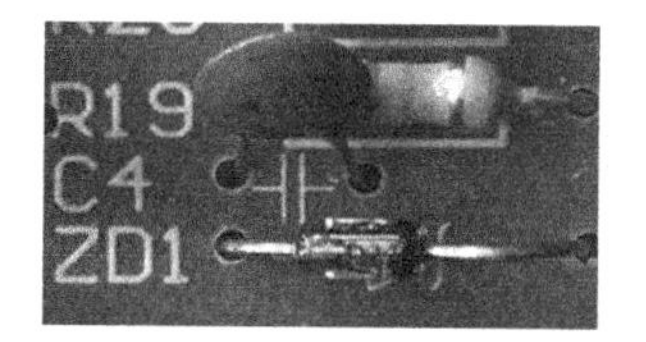

图 4.3.7　瓷片电容器引线成型示意图

3. 三极管的引线成型加工

小功率三极管在印制板上一般采用直插的方式安装。这时，三极管的引线成型如图 4.3.8 所示，只需用镊子将塑封管引线拉直即可，3 个电极引线分别成一定角度。有时也可以根据需要将中间引线向前或向后弯曲成一定角度。具体情况视印制板上的安装孔距来确定引线的尺寸。

在某些情况下，若三极管需要按图 4.3.9 所示安装，则必须对管脚进行弯折。

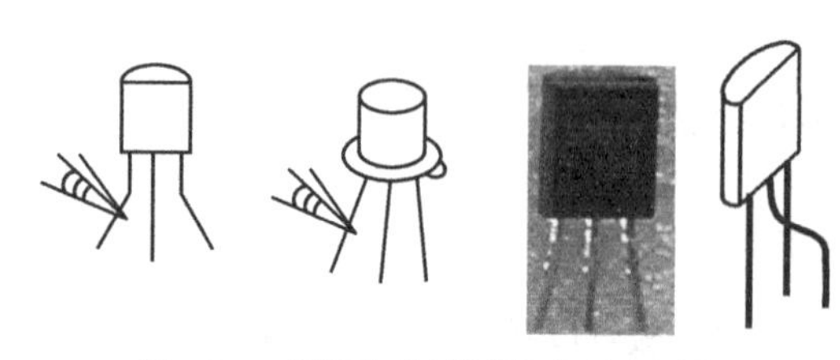

图 4.3.8　直插型三极管引线成型示意图

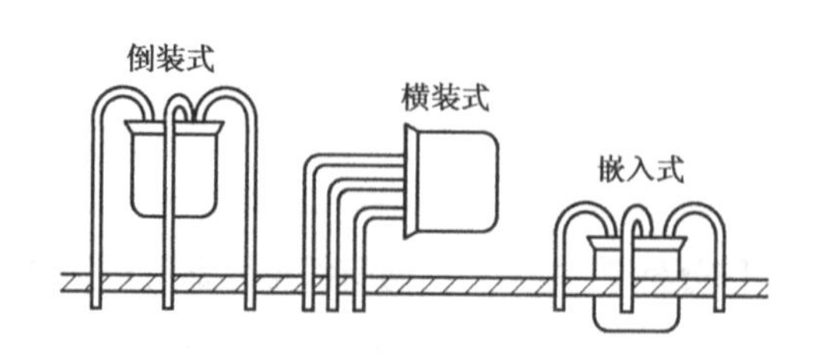

图 4.3.9　三极管的倒装和横装

这时应如图 4.3.10（a）所示，用钳子夹住三极管管脚的根部，然后可以用钟表改锥适当用力将三极管引线弯成一定圆弧状。弯折时，避免如图 4.3.10（b）那样直接将管脚从根部弯折。

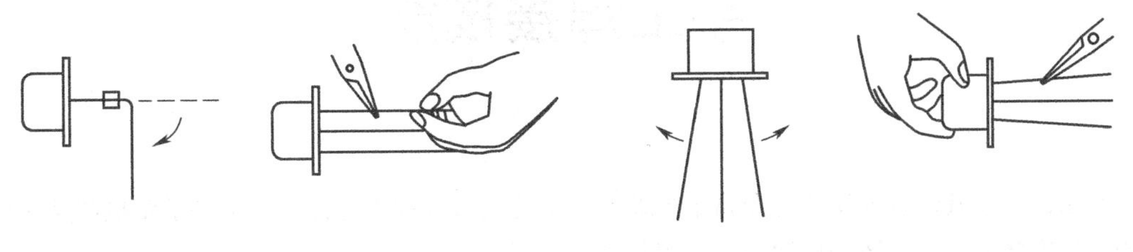

（a）正确方法　　（b）错误方法

图 4.3.10　三极管管脚弯折方法

技能训练　元器件引线成型

1. 训练目标

熟悉元器件成型的工艺要求；通过技能训练，逐步掌握元器件各种成型加工的基本技能。

2. 训练器材

（1）尖嘴钳、扁嘴钳、钟表起子、镊子等工具。

（2）各种规格的电阻器、电容器、二极管、三极管等元器件若干。

3. 训练内容

选用适当的工具，并按表 5.3.2 插装工艺要求对各类元器件引线进行成型加工。

项目小结

（1）装配工具有钳口工具、剪切工具、紧固工具等。

（2）电子装配准备工序主要包括导线和线缆的加工、元器件的成型等。

（3）绝缘导线的加工工序为：剪裁→剥头→清洁→捻头→浸锡。

（4）元器件插装焊接前，必须按插装工艺要求对其引线进行成形，以保证电子产品的质量。

思考与练习

一、填空题

1. ________是一种非常轻巧的用于加工不同尺寸细导线的钳子。

2. ________钳用于不需要用大力气处剪东西，如剪切细小导线。

3. 用于折弯和加工细导线以及夹持小零件的钳口工具是________。

4. 头部带有十字槽，能把压力施加与螺丝口的四壁的手工工具是________。

二、简答题

1. 举例说明紧固工具的用途。

2. 元器件引线成形有哪些工艺要求？

3. 常见的电线电缆有哪几种？请举例说明。

4. 简述绝缘导线的加工工序。

5. 什么是屏蔽层的抽头工艺？

项目五

手工焊接技能

利用加热或其他方式使两种金属永久地牢固结合的过程称为焊接。它是电子整机产品中最基本的一种连接方式，一般采用锡铅合金焊料焊接。

锡焊是一种不需要熔化被焊金属，而将两种金属连接起来的工艺过程。焊接时，比被焊金属熔点低的焊料与被焊金属一起加热，加热到焊料的熔点，熔融的焊料浸润被焊金属表面，形成一种新的合金。冷却后，被焊金属熔合在一起，形成连续的金属结合件，从而达到金属间的牢固连接。

显然，焊接的可靠性是电子整机产品质量的主要因素。只有焊料完全浸润被焊金属，才能形成一个导电性能良好、具有足够机械强度、清洁美观的合格焊点。可见，焊点的好坏取决于焊接材料的性能、被焊金属的表面状态，同时也取决于焊接的工艺条件和操作方法。

知识目标

- 了解手工焊接工具结构、焊接材料的性能及其选用。
- 掌握焊接工具的正确使用方法。
- 掌握多孔印制板插装焊接工艺要求。

技能目标

- 学会电烙铁的拆装、维修技能。
- 逐步掌握手工焊接、拆焊技能。
- 具有鉴别焊点质量能力。

任务一　焊接材料与工具的选用

基础知识

知识链接 1　焊接材料的选用

焊接材料主要是指如图 5.1.1 所示的能连接被焊金属的焊料和清除金属表面氧化物的焊剂。

图 5.1.1　焊锡丝和松香实物

1. 焊料

能熔合两种以上的金属使其成为一个整体，而且熔点比被熔金属低的金属或合金都可做焊料。用于电子整机产品焊接的焊料一般为锡铅合金焊料，称为“焊锡”。

锡（Sn）是一种银白色、质地较软、熔点为 232℃的金属，易与铅、铜、银、金等金属反应，生成金属化合物，在常温下有较好的耐腐蚀性。

铅（Pb）是一种灰白色、质地较软、熔点为 327℃的金属，与铜、锌、铁等金属不相熔，抗腐蚀性强。

由于熔化的锡具有良好的浸润性，而熔化的铅具有良好的热流动性，当它们按适当的比例组成合金，就可作为焊料，使焊接面和被焊金属紧密结合成一体。根据锡和铅的不同配比，可以配制不同性能的锡铅合金材料。

其中共晶焊料配比为含锡 61.9%，含铅 38.1%，熔化温度为 183℃。这种焊料因其熔点低、电气和机械性能良好被广泛用于电子整机产品的焊接。常用焊锡组成和用途如表 5.1.1 所示。

表 5.1.1　　常用焊锡组成和用途

分　类	组　成	一 般 用 途
管状焊锡丝	助焊剂夹在焊锡管中，与焊锡一起制作成管状	适用于手工焊接
抗氧化焊锡	锡铅合金中加入少量的活性金属，以保护焊锡不被继续氧化	适用于浸焊、波峰焊
含银焊锡	锡铅焊料中加少量的银	适用于镀银焊件的焊接
焊膏	由焊粉、有机物和溶剂组成，并制成糊状物	表面贴装技术中的一种重要材料
焊粉		调节和控制焊膏的黏性

2. 助焊剂

在焊接过程中，助焊剂的作用是为了净化焊料、去除金属表面氧化膜，并防止焊料和被焊金属表面再次氧化，以保护纯净的焊接接触面。它是保证焊接顺利进行并获得高质量焊点必不可少的辅助材料。

助焊剂种类较多，分成无机类、有机类和以松香为主体的树脂类 3 大类。常用的树脂类焊剂有松香酒精助焊剂、中性助焊剂等。

（1）松香酒精助焊剂。在常温下松香呈固态不易挥发，加热后极易挥发，有微量腐蚀作用，且绝缘性能好。配制时，一般将松香按 3：1 比例溶于酒精溶液中制成松香酒精助焊剂。

使用方法有两种：一是采用预涂覆法，将其涂于印制板电路表面以防止印制板表面氧化，这样，既有利于焊接，又有利于印制板的保存；二是采用后涂覆法，在焊接过程中加入助焊剂与焊锡同时使用，一般制成固体状态加在焊锡丝中。

（2）中性助焊剂。中性助焊剂具有活化性强、焊接性能好的特点，而且焊前不必清洗，能有效避免产生虚焊、假焊现象。它也可制成固体状态加在焊锡丝中。

（3）选用助焊剂的原则如下。

① 熔点低于焊锡熔点。

② 在焊接过程中有较高的活化性，黏度小于焊锡。

③ 绝缘性好，无腐蚀性，焊接后残留物无副作用，易清洗。

知识链接 2  手工焊接工具——电烙铁的选用与维护

电烙铁是手工焊接的基本工具，其作用是把电能转换成热能，以加热工件，熔化焊锡，使元器件和导线牢固地连接在一起。

1. 常见电烙铁的种类

常用的电烙铁有外热式和内热式。

（1）外热式电烙铁。

外热式电烙铁一般由烙铁头、烙铁芯、外壳、手柄、插头等部分所组成，其外形结构如图 5.1.2 所示。其中烙铁芯为主要发热部件，它是将电热丝均匀地缠绕在云母片绝缘的圆柱形管上，烙铁头用以热传导性好的铜为基体的铜合金材料制成，安装在烙铁芯内。因烙铁芯装在烙铁头外面，故称为外热式。

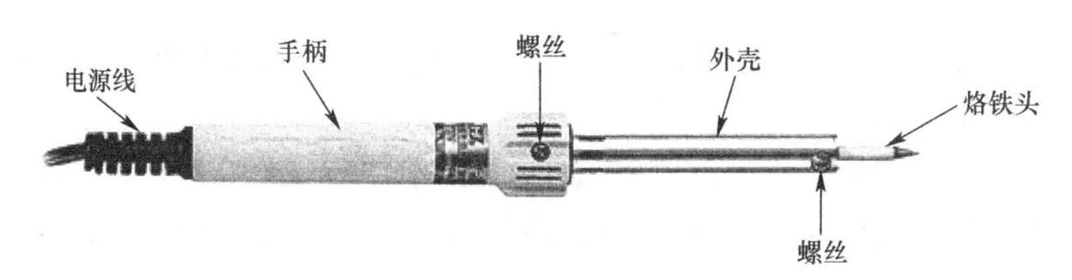

图 5.1.2　外热式电烙铁实物外形

由于外热式电烙铁烙铁芯在烙铁头的外面，大部分的热散发到外部空间，所以加热效率低，加热速度较缓慢，一般要预热 6～7min 才能焊接。但它具有烙铁头使用的时间较长，功率较大的优点，常见的有 25W、30W、40W、50W、75W、100W 等多种规格。

（2）内热式电烙铁。

常见的内热式电烙铁烙铁芯安装在烙铁头里面，故称为内热式电烙铁，如图 5.1.3 所示。它由连接杆、手柄、弹簧夹、烙铁芯、烙铁头（也称铜头）等部分组成，其中作为主要发热部件的烙铁芯采用镍铬电阻丝均匀地缠绕在一根密封的瓷管上制成。

内热式电烙铁有 20W、35W、50W 等几种规格。由于内热式电烙铁的烙铁头套在发热体的外部，直接对烙铁头加热，所以发热快，热效率高达 85%～90%以上。一般 20W 电烙铁其电阻为 2.4kΩ 左右，35W 电烙铁其电阻为 1.6kΩ 左右，焊嘴温度在 350℃左右。比较外热式电烙铁，内热式电烙铁具有体积小、重量轻、耗电省、使用灵巧等优点，适合于焊接小型的元器件。

（3）其他电烙铁。

① 恒温电烙铁。恒温电烙铁的烙铁头内，装有磁铁式的温度控制器，用来控制通电时间，实现恒温的目的。在焊接温度不宜过高、焊接时间不宜过长的元器件时，应选用恒温电烙铁，但它价格高。如图 5.1.4 所示为恒温式电烙铁实物外形。

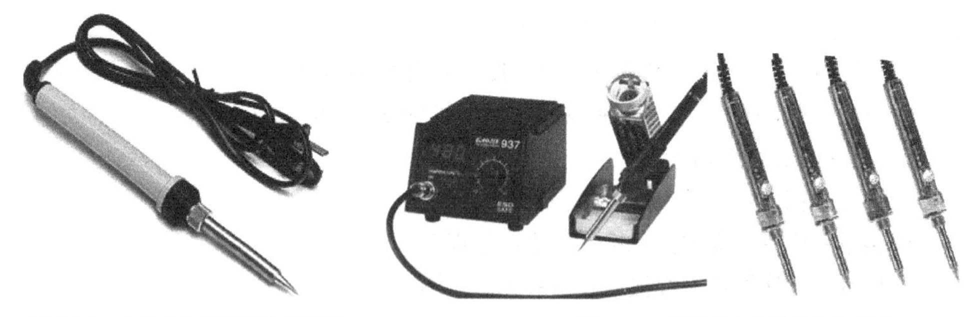

图 5.1.3　内热式电烙铁实物外形图　　　　图 5.1.4　恒温式电烙铁实物外形图

② 吸锡电烙铁。如图 5.1.5 所示的吸锡电烙铁是将活塞式吸锡器与电烙铁熔于一体的拆焊工具，它具有使用方便、灵活、适用范围宽等特点。不足之处是每次只能对一个焊点进行拆焊。

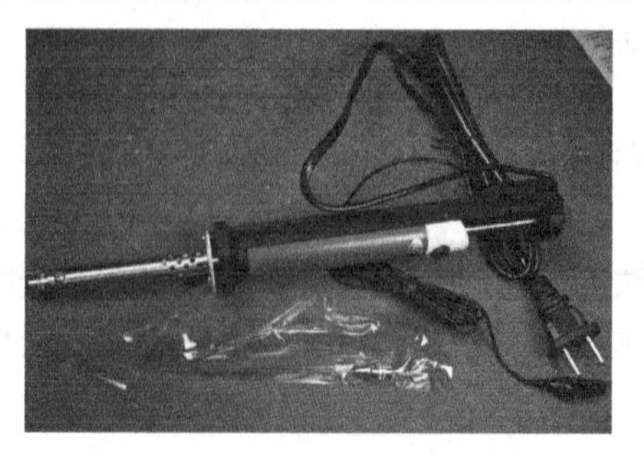

图 5.1.5　吸锡电烙铁实物外形图

操作分析

操作分析 1 电烙铁的选用

1. 选用电烙铁的一般原则

（1）烙铁头的形状要适应被焊件物面要求和产品装配密度。

烙铁头的形状、体积大小和烙铁长度都对烙铁的温度热性能有一定的影响。常见的烙铁头形状如图 5.1.6 所示，有圆面式、尖锥式、圆头式、扁平式等，以适应不同焊接面的需要。

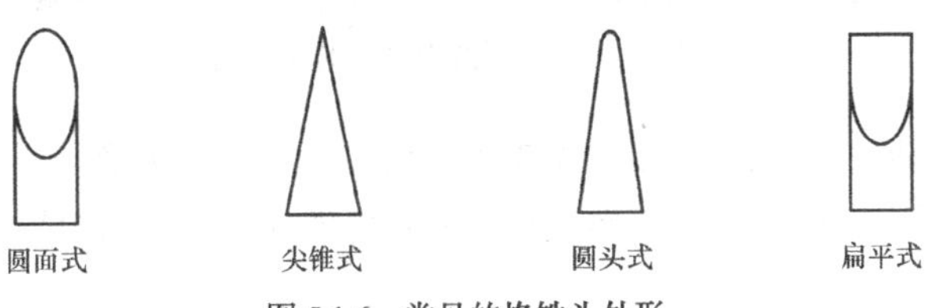

图 5.1.6 常见的烙铁头外形

圆面式工作面（刃口）呈圆斜面，适用于焊接电路板上不太拥挤的一般焊点；扁平式适用于大面积的焊接；尖锥式适用于高密度、小面积的焊接。

（2）必须满足焊接所需的热量，并能在操作中保持一定的温度。

烙铁头的顶端温度要与焊料的熔点相适应，一般要比焊料熔点高 30℃～80℃。烙铁头的温度恢复时间要与被焊件物面的要求相适应。它与电烙铁功率、热容量以及烙铁头的形状、长短有关。

（3）温升快，热效率高。

（4）体积小，操作方便，工作寿命长。

2. 电烙铁功率的选择原则

电烙铁的功率越大，热量越大，烙铁头的温度越高。焊接集成电路、印制线路板、CMOS 电路一般应选用温度较低的电烙铁。若烙铁功率过大，容易烫坏元器件，使印制导线从基板上脱落；反之，使用的烙铁功率太小，焊锡不能充分熔化，焊剂不能挥发出来，焊点不光滑、不牢固，易产生虚焊。

（1）焊接集成电路、晶体管及其他受热易损件的元器件时，考虑选用 20W 内热式或 25W 外热式电烙铁。

（2）焊接较粗导线及同轴电缆时，考虑选用 50W 内热式或 45W～75W 外热式电烙铁。

（3）焊接较大元器件时，如金属底盘接地焊片，应选 100W 以上的电烙铁。

操作分析 2  电烙铁的拆装

1. 外热式电烙铁的拆装方法

外热式电烙铁的拆装过程如图 5.1.7 所示。

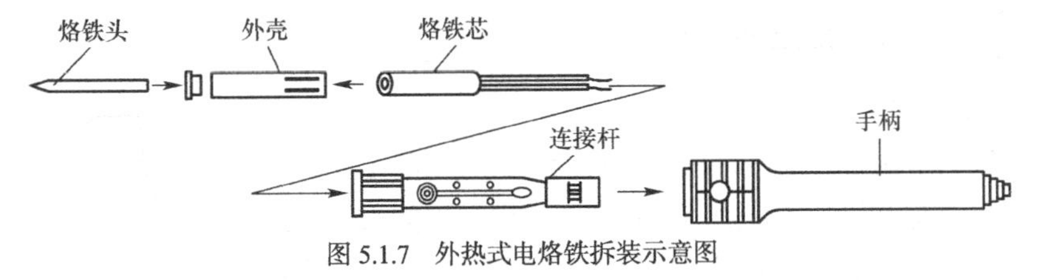

图 5.1.7 外热式电烙铁拆装示意图

（1）先将电烙铁手柄与外壳的连接螺丝旋下，将手柄与外壳分离。

（2）再将电烙铁外壳上的两个螺丝旋下并将烙铁头取下，与外壳分离。

（3）将烙铁芯与电源线的两个连接点断开，从外壳的前面取下烙铁芯。

2. 内热式电烙铁的拆装方法

内热式电烙铁的拆装过程如图 5.1.8 所示。

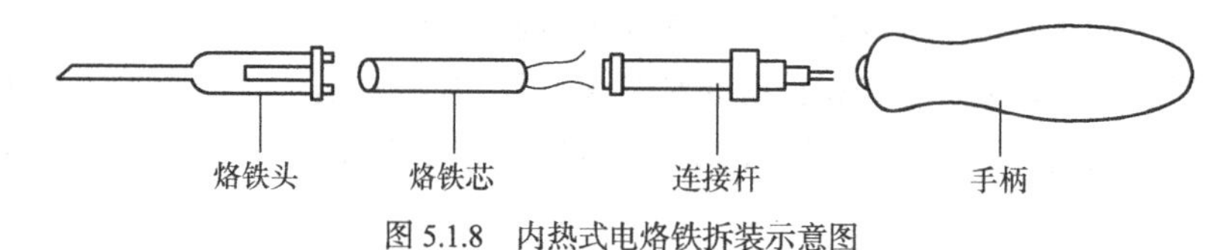

图 5.1.8　内热式电烙铁拆装示意图

（1）先将电烙铁手柄与外壳的连接螺丝旋下，将手柄与外壳分离。

（2）将电烙铁外壳上的两个接线柱螺丝旋松并将电源线取下，再分别旋转两个接线柱将烙铁芯的引线取下。

（3）将烙铁头从外壳的前面拉出，再将烙铁芯轻轻拉出。

操作分析 3  电烙铁的检测

一般电烙铁的工作电压都是 220V，使用时一定要注意安全。

1. 外观检查

（1）使用前要检查电烙铁的电源线有否损坏，如有损坏应及时更换或用绝缘胶布包好。电源线最好用棉编织物护套的三芯橡胶绝缘线（又称花线），并配三芯插头，使电烙铁的外壳接地，确保安全。

（2）发现烙铁柄松动要及时拧紧，否则容易把电源线与烙铁芯的引出接线柱之间的连接线头绞断，发生脱落或短路；发现烙铁头松动要及时紧固。

2. 烙铁电源线检测

电源线要经常用万用表的电阻挡进行测试，除了测量插头两端是不是有短路或者开路外，还要用 R×1k 挡或 R×10k 挡，测量插头与外壳之间的绝缘电阻。如果指针不动，或电阻大于 5MΩ，就可以使用。否则要查出漏电原因，在排除之后才能使用。

3. 烙铁芯检测

烙铁芯一般用万用表的 R×100 挡检查好坏。对 35W 电烙铁，如果测得阻值为 400Ω～800Ω，则烙铁芯为正常，如果电阻阻值为无穷大或为零，则烙铁芯已损坏，需更换。

4. 烙铁头检查

经常检查烙铁头上是否发黑或有异物，是否能上锡，铜质烙铁头上是否有凹陷等。若发现烙铁头有上述现象，则需要将其整修、加热清理后才能使用。

操作分析 4  电烙铁的正确使用

1. 烙铁头的防护

烙铁头一般用紫铜和合金材料制成，紫铜烙铁头在高温下表面容易氧化、发黑；其端部易被焊料浸蚀而失去原有形状。尤其是一把新的电烙铁，不能买来就用。应根据要求，先用锉刀加工烙铁头的形状，再给烙铁头搪上锡（上锡）后才能使用。具体方法如下。

（1）用锉刀清除烙铁头表面氧化层，使其露出铜色，并将烙铁头修整成适合焊接的形状。

（2）将加工好的电烙铁接通电源，用浸水海绵或湿布轻轻地擦拭烙铁头，以清理加热后的烙铁头。

（3）当温度渐渐升高的时候，把松香涂在烙铁头上，等到松香冒烟，使烙铁头达到足以熔化焊料的温度。

（4）在烙铁头开始能够熔化焊锡的时候，把烙铁头放在有少量松香和焊锡的砂布上研磨，各个面都要研磨到，使烙铁头的四周都搪上一层薄的焊锡，以防止烙铁头的氧化，同时有助于将热传到焊接表面上去，提高电烙铁的可焊性。

（5）在电烙铁空闲时，烙铁头上应保留少量焊料，这有助于保持烙铁清洁和延长其使用寿命。

（6）不要用干松香擦拭烙铁头，以减少烙铁头的腐蚀。

为了提高焊接质量，延长烙铁头的使用寿命，目前大量使用合金烙铁头。在正常使用的情况下，合金烙铁头其寿命比一般烙铁头要长得多。和紫铜烙铁头使用方法不同的是，合金烙铁头使用时不得用砂纸或锉刀打磨烙铁头。

2. 电烙铁的常用握法

电烙铁使用时一般有反握、正握和笔握 3 种方法，如图 5.1.9 所示，具体方法因人而异。其中握笔法较适合于初学者和使用小功率电烙铁焊接印制板。

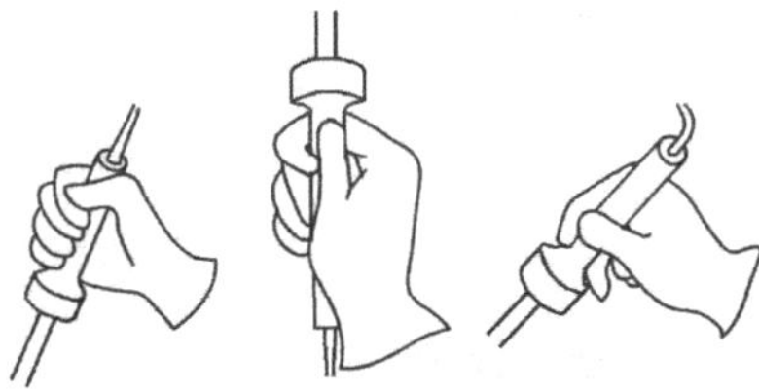

（a）反握法　（b）正握法　（c）握笔法

图 5.1.9　电烙铁握法示意图

3. 电烙铁使用维护

正确使用和维护电烙铁，能延长其使用寿命，确保焊接顺利进行。

（1）电烙铁外壳要接地，以防止漏电造成元器件损坏，保证安全操作。

（2）使用过程中不要任意敲击电烙铁头以免损坏。内热式电烙铁连接杆钢管壁厚度只有 0.2mm，不能用钳子夹以免损坏。在使用过程中应经常维护，保证烙铁头挂上一层薄锡。

（3）电烙铁长时间不用，应切断电源，否则，会使烙铁芯加速氧化而烧断，缩短其寿命，同时也会使烙铁头因长时间加热而氧化，甚至被“烧死”不再“吃锡”。

（4）要经常清理外热式电烙铁壳体内的氧化物，防止烙铁头卡死在壳体内，给检修电烙铁带来困难。

训练评价

1. 训练目标

学会外热式、内热式电烙铁的正确使用和维护方法。

2. 训练器材

（1）万用表、螺丝刀（一字、十字）、尖嘴钳、焊锡丝。

（2）内热式、外热式电烙铁各一把。

3. 训练内容和步骤

（1）训练内容。

① 拆解电烙铁，并测量电烙铁芯的电阻值，判断是否正常。

② 按要求完成电烙铁的组装。

③ 通电上锡，使烙铁头熔上一层均匀的薄锡。

（2）操作步骤。

① 用尖嘴钳将烙铁头从外拉下（内热式），或用螺丝刀将烙铁头上的两个螺丝旋下（外热式）。

② 再用螺丝刀将电烙铁手柄上的螺丝旋下，同时旋下手柄（内热式），或将手柄从外拉出（外热式）。

③ 松开接线柱上的螺丝，将电源线从接线拄上取下（内热式），或将电源线与电烙铁芯上的两根引线分开（外热式）。

④ 用尖嘴钳旋松接线柱，并轻轻地将烙铁芯从前面拉出。

⑤ 用万用表测量电烙铁芯，电阻值为400Ω～800Ω为正常。

⑥ 组装过程：先装电烙铁芯→装接线柱或连接烙铁芯→装电源线和手柄→装上烙铁头即可。

⑦ 烙铁头修正。

提示

- 使用电烙铁时应注意安全，防止烫伤。
- 装配电烙铁时电源线与烙铁芯的连接处一定要套上套管（外热式）或将电源线牢固地固定在接线柱上（内热式）。

4. 技能评价

电烙铁拆装与检查评价如表5.1.2所示。

表5.1.2 电烙铁拆装与检查评价表

班级		姓名		学号		得分	
考核时间		实际时间：自 时 分起至 时 分					
项目	考核内容			配分	评分标准		扣分
外观检查	1. 检查电烙铁电源线有无破损 2. 检查电烙铁上螺丝、烙铁头是否松动			10分	1. 检查出电烙铁电源线破损，每处扣2分 2. 检查出烙铁头、螺丝松动，每处扣2分		
拆解电烙铁	1. 正确拆解外热式电烙铁 2. 正确拆解内热式电烙铁			30分	1. 拆解方法不正确，扣10分 2. 损坏各部件，每个扣5分		
部件检测	1. 使用万用表检测烙铁芯好坏 2. 检查烙铁头是否符合焊接要求			10分	1. 不能正确使用万用表检测烙铁芯好坏，扣8分 2. 不能判断烙铁头好坏，扣2分		
组装电烙铁	1. 组装外热式电烙铁 2. 组装内热式电烙铁			30分	1. 组装方法不正确，扣10分 2. 损坏各部件，每个扣5分		
电烙铁通电上锡	电烙铁通电、加热上锡			10分	烙铁头上锡方法不正确，扣5～10分		
安全文明操作	1. 工作台上工具摆放整齐 2. 严格遵守安全文明操作规程			10分	违反安全文明操作规范，酌情扣1～10分		
合计				100分			
教师签名：							

任务二 手工焊接基本技能

随着电子技术的飞速发展，新颖元器件的不断出现，高密度印制电路板的广泛应用，促使焊接技术发生了很大的变化，出现了多种形式的自动焊接，如波峰焊、浸焊、再流焊等，此外，无锡焊接技术也正在逐步地被采用。但是手工焊接技术由于其工艺简单，不受使用条件和场合的限制，尤其是在电子整机产品的调试维修中仍占有重要位置。因此，掌握手工焊接工艺依然是电子整机产品装接工人的基本技能。

手工焊接是利用电烙铁加热焊料和被焊金属，实现金属间牢固连接的一项焊接工艺技术。

基础知识

知识链接 1  手工焊接的基本条件

1. 保持清洁的焊接表面是保证焊接质量的先决条件

被焊金属表面由于受外界环境的影响，很容易在其表面形成氧化层、油污、粉尘等，使焊料难以润湿被焊金属表面。这时就需要用机械和化学的方法清除这些杂物。

如果元器件的引线、各种导线、焊接片、接线柱、印制电路板等表面被氧化或有杂物，一般可用锯条片、小刀或镊子反复刮净被焊面的氧化层；而对于印制电路板的氧化层则可用细砂纸轻轻磨去；对于较少的氧化层则可用工业酒精反复涂擦氧化层使其溶化。

2. 选择合适的焊锡和助焊剂及电烙铁

焊接材料种类繁多，焊接效果也不一样。在焊接前应根据被焊金属的种类、表面状态、焊接点的大小来选择合适的焊锡和焊剂。对于各种导线、焊接片、接线柱间的焊接及印制电路板上焊盘等较大的焊点一般选用ϕ1.5mm、ϕ1.2mm、ϕ1.0mm 等较粗焊锡，而对于元器件引线及较小的印制电路板焊盘等则选用ϕ0.8mm、ϕ0.5mm 等较细焊锡。

通常根据被焊接金属的氧化程度、焊接点大小等来选择不同种类的助焊剂。如果被焊接金属氧化层较为严重，或焊接点较大则选用松香酒精助焊剂，而对于氧化程度较小或焊点较小则选用中性助焊剂。

根据被焊点的形状、不同热容量选用不同功率的电烙铁和烙铁头。对于各种导线、焊接片、接线柱间的焊接及印制电路板上焊盘等较大的焊点一般选用较大功率的电烙铁；而对于一般焊点则选用较小功率的电烙铁，如 25W、30W 等。

3. 焊接时要有一定的焊接温度

热能是进行焊接不可缺少的条件，适当的焊接温度对形成一个好的焊点是非常关键的。焊接时温度过高，则焊点发白、无金属光泽、表面粗糙；温度过低，则焊锡未流满焊盘，造成虚焊。

4. 焊接的时间要适当

焊接时间的长短对焊接也很重要。加热时间过长，则可能造成元器件损坏、焊接缺陷、印制电路板铜箔脱离；加热时间过短，则容易产生冷焊、焊点表面裂缝、元器件松动等达不到焊接的要求。所以，应根据被焊件的形状、大小和性质来确定焊接时间。

知识链接 2  焊点形成

一个合格焊点的形成需经过以下过程。

（1）浸润：焊接部位达到焊接的工作温度助焊剂首先熔化，然后焊锡熔化并与被焊工件和焊盘表面接触。

（2）流淌：液态的焊锡在毛细现象的作用下充满了整个焊盘和焊缝，将助焊剂排出。

（3）合金：流淌的焊锡与被焊工件和焊盘表面产生合金（只发生在表面）。

（4）凝结：移开电烙铁，温度下降，液态焊锡冷却凝固变成固态，从而将工件固定在焊盘上。

操作分析

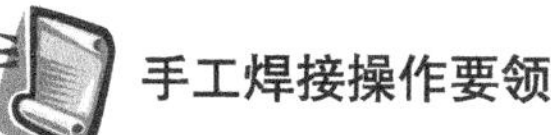

操作分析 1　手工焊接操作要领

1. 烙铁头撤离焊点的方法

（1）把握烙铁头撤离焊点的合适时间。如果加热时间过长，会造成焊料流淌，焊点表面粗糙，失去金属光泽；如果烙铁头过早撤离，会加热不充分，出现虚焊或假焊。

（2）把握烙铁头撤离焊点的方向。焊点的焊锡量与烙铁头撤离焊点的方向有关，掌握适当的撤离方向，能使每个焊点符合焊接工艺要求。不同操作方法对焊点的影响如表 5.2.1 所示。

表 5.2.1　烙铁头撤离不同方法对焊点的影响

操　作　图	撤离方向	结　果
	与印制电路板成 45°方向撤离	焊点圆滑，带走少量焊料
	与印制电路板成垂直向上撤离	焊点容易拉尖、毛刺
	沿印制电路板水平方向撤离	焊锡挂在烙铁头上，带走大量焊料，容易造成搭焊和桥焊
	沿焊点向上撤离	烙铁头上不挂锡
	沿焊点向下撤离	烙铁头吸除焊锡

2. 焊料供给方法

（1）焊料的拿法。为了帮助电烙铁吸取焊料，在用小段焊锡丝进行手工焊接时，拿焊料的一般方法如图 5.2.1 所示。

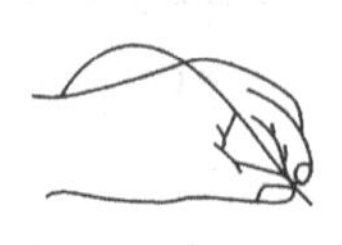

图 5.2.1　焊料的拿法

（2）焊料供给方法。焊料的供给既要把握好适当的时机，又要掌握好正确的位置。

① 在焊接表面达到焊接温度时，及时供给焊料。这时，焊料最容易浸润被焊金属。

② 先在烙铁头接触部位供给少量焊料，然后给距离烙铁头最远的位置供给焊料。

③ 不能用烙铁头运载焊料，以防产生焊接缺陷。必须一手拿烙铁，一手拿焊料，先加热后加焊料。

操作分析 2 手工焊接操作步骤

焊接质量离不开一个好的焊接工艺流程。为了保证焊接质量，手工焊接的步骤一般要根据被焊件的热容量大小来决定，有五步和三步焊接操作法，通常采用五步焊接操作法。

1. 五步焊接操作法

（1）五步焊接操作法的工艺流程：准备→加热焊接部位→供给焊锡→移开焊锡丝→移出电烙铁。

（2）用五步焊接操作法完成一个焊点的操作步骤如表 5.2.2 所示。

表 5.2.2 五步焊接操作法

操作步骤	操作示意图	说明
准备	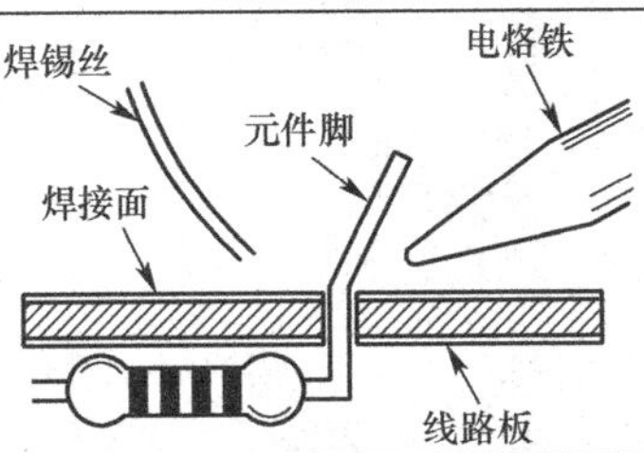 焊锡丝、电烙铁、元件脚、焊接面、线路板	使焊接点处于焊接状态
加热	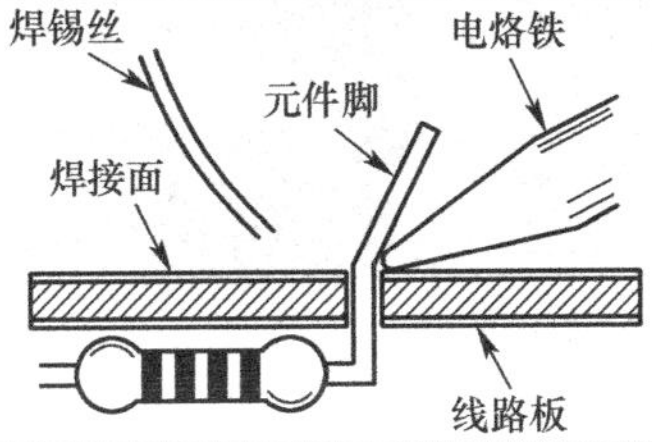 焊锡丝、电烙铁、元件脚、焊接面、线路板	烙铁头加热焊接部位，使焊接点的温度加热到焊接需要的温度。加热时，烙铁头和连接点要有一定的接触面和压力
供给焊锡	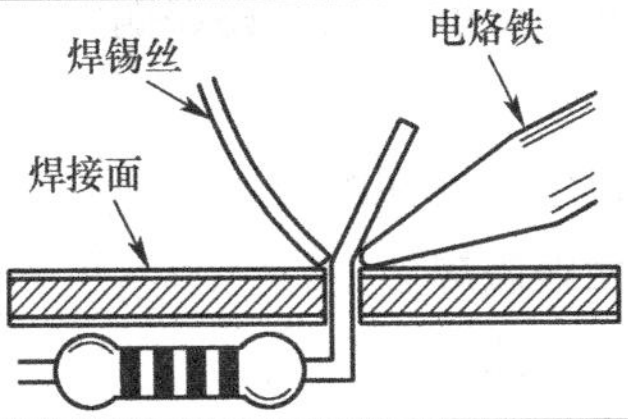 焊锡丝、电烙铁、焊接面	在烙铁头和连接点的接触部位加上适量的焊料，以熔化焊料，并使焊锡浸润被焊金属
移开焊锡丝	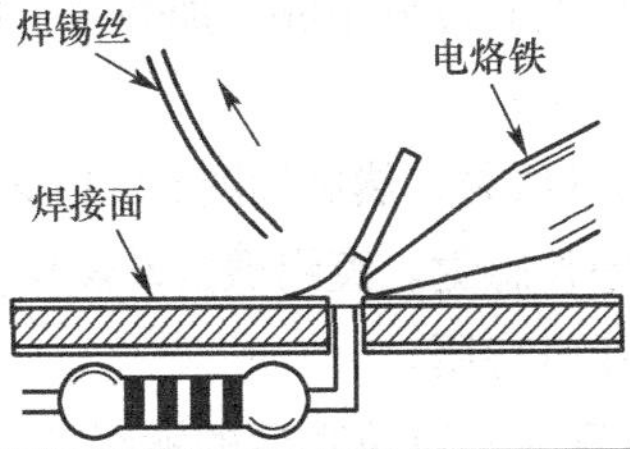 焊锡丝、电烙铁、焊接面	当焊锡丝适量熔化后迅速移开焊锡丝
移出电烙铁	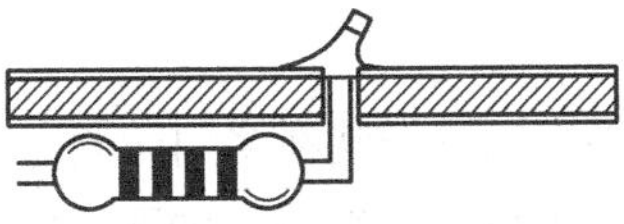	当焊接点上的焊料流散接近饱满，焊点中有青烟冒出，助焊剂尚未完全挥发，迅速移出电烙铁 焊锡冷却后，剪掉多余的焊脚，就得到了一个理想的焊接了

注意

- 完成上述步骤后，焊点应自然冷却，严禁用嘴吹或其他强制冷却方法。
- 在焊料完全凝固以前，不能移动被焊件之间的位置，以防产生假焊现象。
- 焊锡丝移开的时间不得迟于电烙铁头的移开时间。

2. 三步焊接操作法

对于热容量小的焊件，可以采用三步焊接操作法。

三步焊接操作法的工艺流程：准备→加热焊接部位并同时供给焊锡→移开焊锡丝并同时移开电烙铁。

操作分析 3 印制电路板上导线焊接技能

如图 5.2.2 所示的多用印制电路板是一种可用于焊接训练和搭建试验电路用的印制电路板。

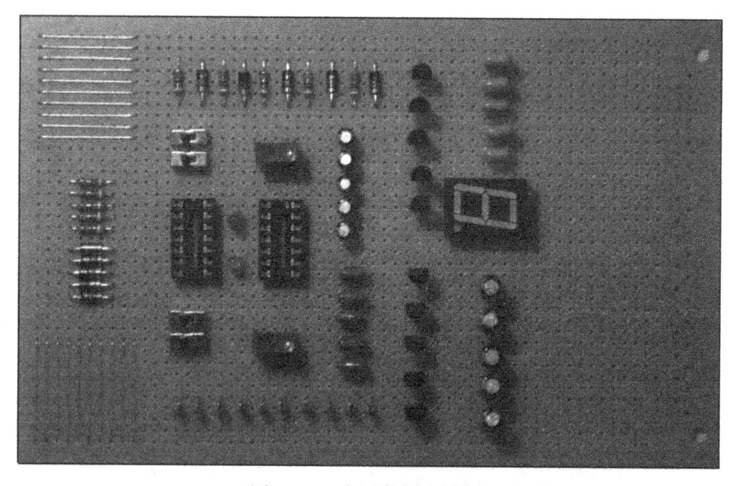

图 5.2.2 多用印制电路板

在多孔印制电路板中，一般采用直径为 0.5mm～0.8mm 的镀锡裸铜丝来进行电路的连接。

1. 镀锡裸铜丝焊接要求

（1）镀锡裸铜丝挺直，整个走线呈直线状态，弯角成 90°。

（2）焊点均匀一致，导线与焊盘融为一体，无虚假焊。

（3）镀锡裸铜丝紧贴印制电路板，不得拱起、弯曲。

（4）对于较长尺寸的镀锡裸铜丝在印制电路板上应每隔 10mm 加焊一个焊点。

2. 镀锡裸铜丝插焊方法

（1）用斜口钳将镀锡裸铜丝剪成约 20cm 长短的线材，然后如图 5.2.3（a）所示，用钳口工具用力拉住镀锡裸铜丝两头，这时镀锡裸铜丝略有伸长感觉。镀锡裸铜丝经拉伸后变直。

（2）用斜口钳将镀锡裸铜丝剪成长短不同的线材待用。

（3）按如图 5.2.3（b）所示的工艺要求，用扁嘴钳对拉直后的镀锡裸铜丝进行成形（弯成直角）。

（4）按照装配工艺图纸要求，将成形后的镀锡裸铜丝插装在多用印制电路板的相应位置，并用交叉镊子固定。镀锡裸铜丝紧贴印制电路板，不得拱起、弯曲，如图 5.2.4 所示。

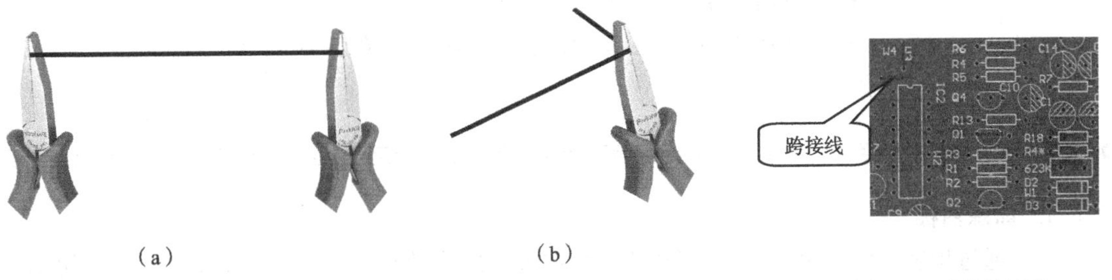

（a）（b）

图 5.2.3 裸铜丝成形

图 5.2.4 跨接线插焊

（5）按如图 5.2.5（a）～（d）所示工艺流程完成裸铜丝一端的焊接。

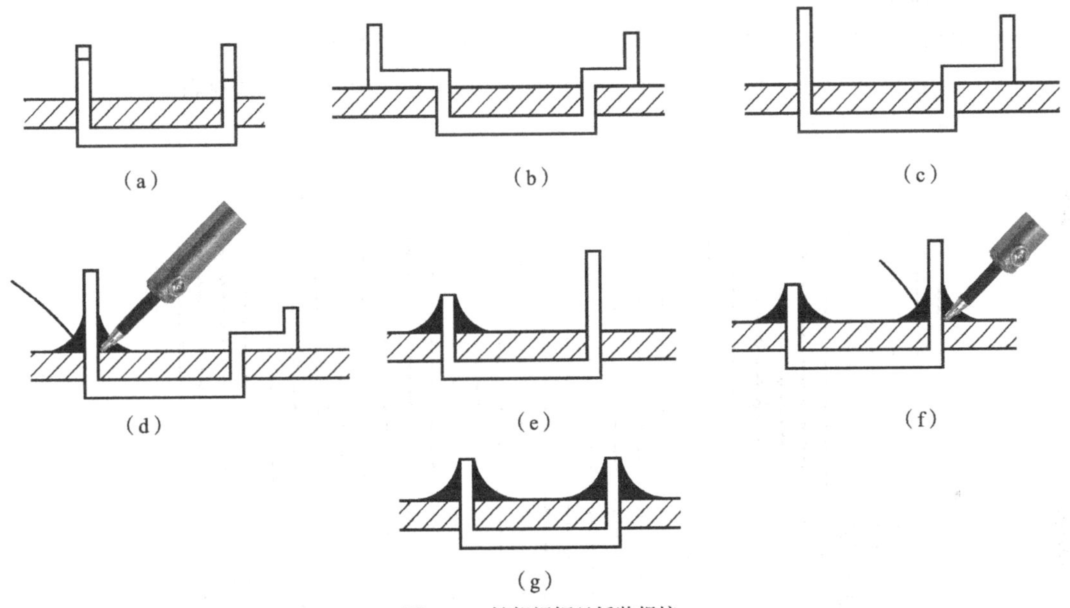

图 5.2.5 镀锡裸铜丝插装焊接

（6）如图 5.2.6 所示，在焊点上方约 1mm～2mm 处用斜口钳剪去多余的引线。

图 5.2.6 剪去多余引线

（7）用同样的方法完成镀锡裸铜丝另一端的焊接。

- 引线和焊盘要同时加热，时间约为 2s。
- 加焊锡丝位置要适当。

- 焊锡应完全浸润整个焊盘，时间约为 1s，移开焊锡丝。
- 焊锡丝移开后，再沿着与印制电路板成 45°角方向移开电烙铁。待焊点完全冷却，时间约为 3s。

训练评价

1. 训练目标

（1）通过训练，要求学生正确、合理地使用电烙铁，并在焊接操作动作节奏上，逐步协调、熟练，最终基本掌握五步焊接操作技能。

（2）熟练掌握裸铜丝在多用印制电路板上的加工整形工艺和手工锡焊技能。

2. 训练器材

（1）电烙铁（外热式 30W）、扁嘴钳、尖嘴钳、斜口钳、镊子等工具。

（2）多用印制电路板、镀锡裸铜丝（ϕ0.5mm）、焊锡丝（ϕ0.5mm）等材料。

3. 训练内容和步骤

（1）按照图 5.2.7 所示装配工艺图纸要求将镀锡裸铜丝加工成形。

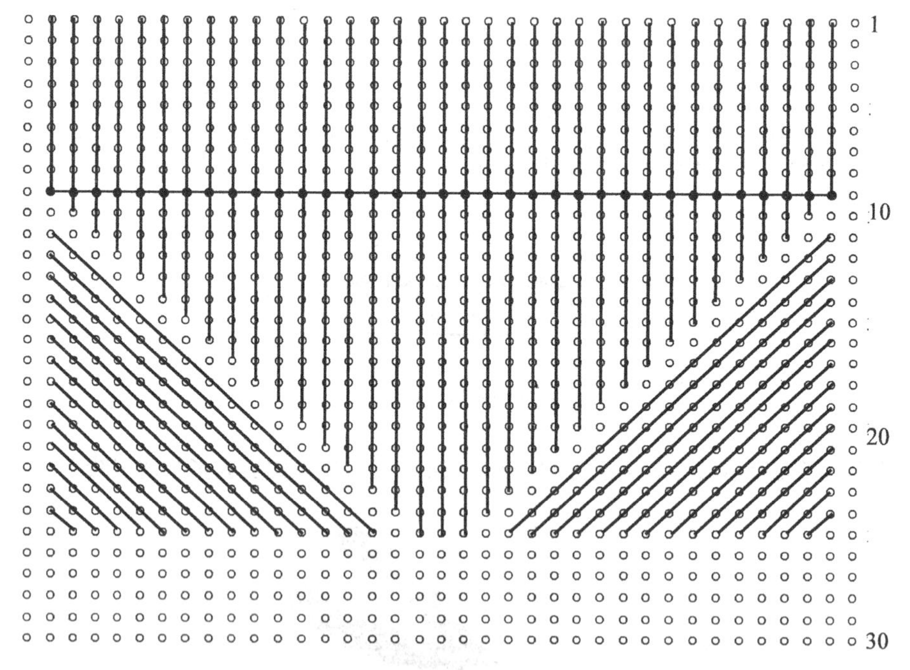

图 5.2.7 镀锡裸铜丝插装布线图（元器件面）

（2）按焊接工艺要求完成镀锡铜丝在多用印制电路板上的焊接面焊接。

（3）按照图 5.2.8 所示装配工艺图纸要求，在多用印制电路板的插装完成镀锡铜丝的布线焊接。

小技巧

对成直角状的镀锡裸铜丝焊接时，应先焊接直角处的焊点，注意不能先焊两头，避免中间拱起。

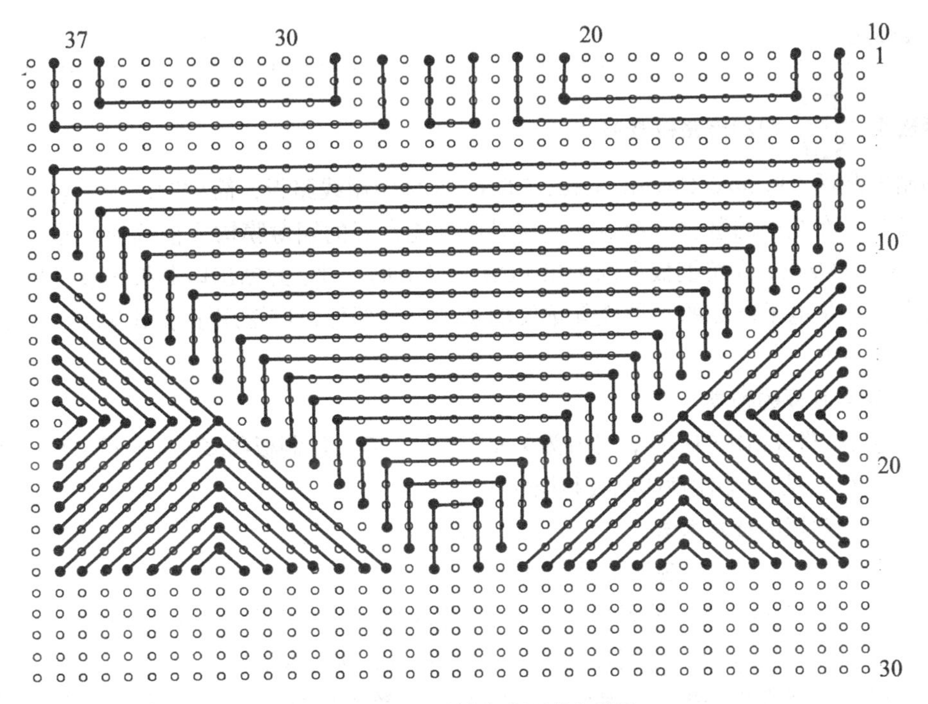

图 5.2.8　焊接面镀锡裸铜丝的布线图

4. 技能评价

印制电路板上导线焊接技能评价如表 5.2.3 所示。

表 5.2.3　　导线焊接技能评价表

班　级		姓名		学号		得分	
考核时间		实际时间：　自　时　分起至　时　分					
项　目	考核内容			配分	评分标准		扣分
导线焊接	1. 导线位置安装正确 2. 导线挺直、紧贴印制电路板			40 分	1. 导线弯曲、拱起，每处扣 2 分 2. 安装位置错，每处扣 2 分		
焊点质量	1. 焊点光滑、均匀 2. 无搭锡、假焊、虚焊、漏焊、焊盘脱落、桥焊、毛刺			40 分	1. 有搭锡、假焊、虚焊、漏焊、焊盘脱落、桥焊等现象每处扣 2 分 2. 出现毛刺、焊料过多、焊料过少、焊接点不光滑、引线过长等现象，每处扣 2 分		
安全文明操作	1. 工作台上工具排放整齐 2. 多孔板表面整洁 3. 严格遵守安全文明操作规程			20 分	1. 多孔板表面不整洁，扣 10 分 2. 违反安全文明操作规程，酌情扣 4～10 分		
合计				100 分			
教师签名：							

任务三　元器件插装与焊接

用印制电路板安装元器件和布线，可以节省空间，提高装配密度，减少接线和接线错误，在电子产品中已经得到广泛应用。

基础知识

知识链接1 印制电路板概述

印制电路板（Printed Circuit Bord，PCB）亦称印制线路板，简称印制板。它是通过一定的制作工艺，在绝缘的基材上覆盖上一层导电性能良好的铜薄膜构成覆铜板，然后根据具体的PCB图样的要求，在覆铜板上蚀刻出PCB图样上的导线，并钻出印制板安装定位孔以及焊盘和过孔。它是电子产品的一种极其重要的基础组装部件，广泛用于家用电器、仪器仪表等各种电子产品中。

1．印制电路板的种类

根据印制电路板结构的不同，可分为单面印制板、双面印制板和多层印制板；根据制作材料的不同，PCB又可以分为刚性印制板和挠性印制板。

2．印制电路板的技术术语

如图5.3.1所示为单面印制电路板实物图。

（1）焊盘。印制电路板上放置焊锡，并连接导线和元器件引脚的焊接处，称为焊盘。

（2）焊盘孔。印制电路板上安装元器件引脚的插孔，称为焊盘孔。

（3）冲切孔。印制电路板上除焊盘孔外的洞和孔，称为冲切孔。它可以安装零部件、紧固件、橡塑件、导线穿孔等。

（4）反面。在单面印制板中，铜箔板的一面称为反面，也叫做“焊接面”。

（5）正面。在单面印制板中，安装元器件、零部件的一面称为正面，也叫做“元器件面”。

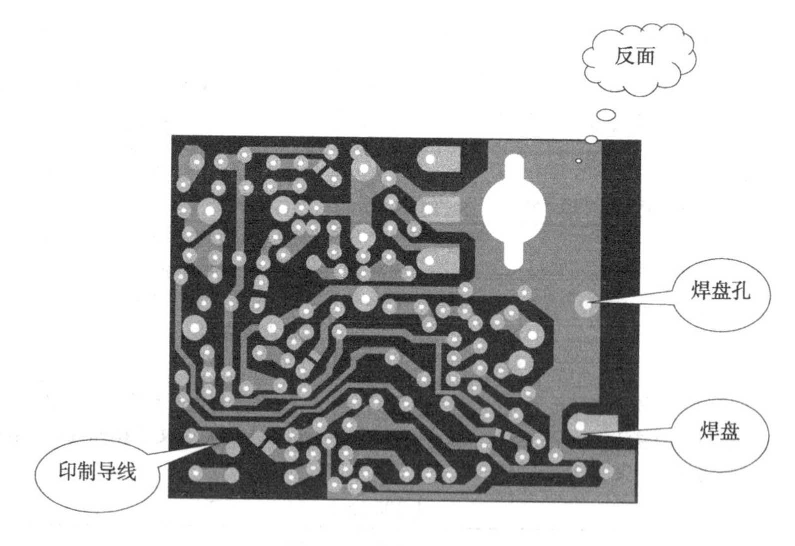

图5.3.1　印制电路板实物

知识链接2 印制电路板元器件插装工艺要求

（1）元器件在印制电路板上的分布应尽量均匀，疏密一致，排列整齐美观，不允许斜排、立体交叉和重叠排列。

（2）安装顺序一般为先低后高，先轻后重，先易后难，先一般元器件后特殊元器件。

（3）有安装高度的元器件要符合规定要求，统一规格的元器件尽量安装在同一高度上。

（4）有极性的元器件，安装前可以套上相应的套管，安装时极性不得差错。

（5）元器件引线直径与印制电路板焊盘孔径应有 0.2mm～0.4mm 合理间隙。

（6）元器件一般应布置在印制电路板的同一面，元器件外壳或引线不得相碰，要保证 0.5mm～1mm 的安全间隙。无法避免接触时，应套绝缘套管。

（7）安装较大元器件时，应采取黏固措施。

（8）安装发热元器件时，要与印制电路板保持一定的距离，不允许贴板安装。

（9）热敏元器件的安装要远离发热元件。变压器等电感器件的安装，要减少对邻近元器件的干扰。

知识链接 3　连接方式

印制电路板上元器件和零部件连接方式有直接焊接和间接焊接两种。直接焊接是利用元器件的引出线与印制电路板上的焊盘直接焊接起来。焊接时，往往采用插焊技术。间接焊接是采用导线、接插件将元器件或零部件与印制电路板上的焊盘连接起来。

操作分析

操作分析 1　元器件的插装焊接

1．常见元器件插装

（1）电阻器插装焊接。插装电阻器时，应按装配工艺图将其准确插装在规定位置。要求标记向上，同规格电阻色环方向一致。装完同一种规格后再装另一种规格，尽量使电阻器的高低一致。

电阻器卧式插装焊接时应贴紧印制电路板，并注意电阻器的阻值色环向外，如图 5.3.2（a）所示。

电阻器立式插装焊接时，应使电阻器离开多孔电路板约 1mm～2mm，并注意电阻器的阻值色环向上，如图 5.3.2（b）所示。

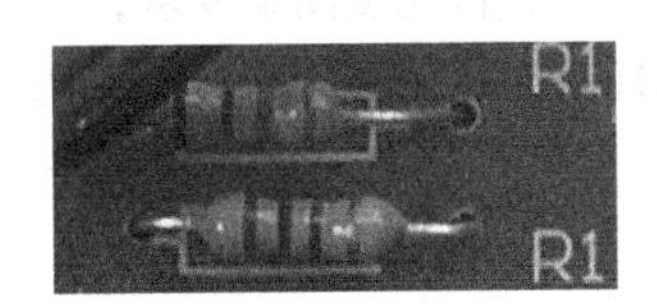

（a）卧式插装

（b）立式插装

图 5.3.2　电阻插装示意图

（2）二极管插装焊接。二极管立式插装焊接时，应使二极管离开多用印制电路板约 2mm～4mm。注意二极管正、负极性位置不能搞错，对于有标识二极管，其标识一般向上，如图 5.3.3 所示。焊接最短引线时间不能超过 2s。

二极管卧式插装焊接时，应使二极管离开电路板约 3mm～5mm。注意二极管正、负极性位置不能搞错，同规格的二极管标记方向应一致，型号标记要易看可见。

（3）电容器插装焊接。电容器插装应按装配工艺要求，将其插装在规定位置。插装时，应注意有极性电容器“+”极与“−”极不能接错，电容器上的标记方向要易看可见，同规格电容器排列整齐、高低一致。先装玻璃釉电容器、有机介质电容器、瓷介电容器，最后装电解电容器。

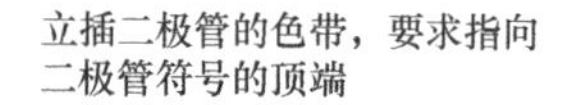

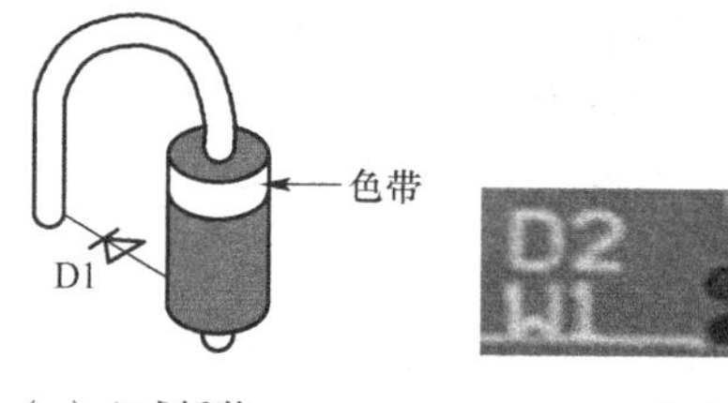

（a）立式插装

（b）卧式插装

图 5.3.3　二极管插装示意图

插装焊接瓷片电容器时，应使电容器离开多用印制电路板约 4mm～6mm，如图 5.3.4（a）所示。

插装电解电容器时，应注意电容器离开印制电路板约 1mm～2mm，体积较大的电容器一般插到底，如图 5.3.4（b）、（c）所示。

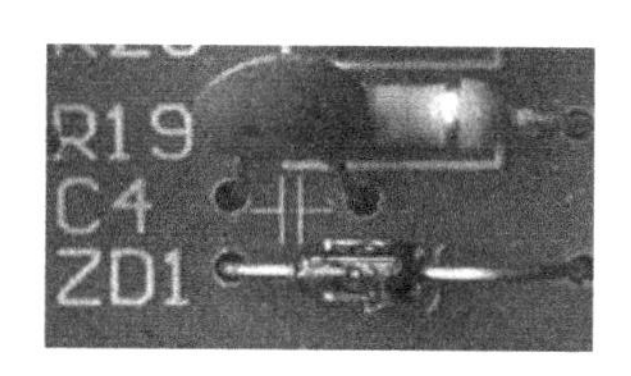

（a）瓷片电容器插装

（b）立式插装

（c）卧式插装

图 5.3.4　电容器插装示意图

（4）三极管插装焊接。三极管插装时应注意 e、b、c 三引线位置正确，并使三极管（并排、跨排）离开印制电路板约 4mm～6mm，如图 5.3.5 所示。同规格三极管应排列整齐、高低一致。焊接大功率三极管时，若需加装散热片，应将接触面平整、打磨光滑后再紧固。

（5）集成电路插座插装焊接。焊接集成电路时，首先按图纸要求，检查型号、引脚位置是否符合要求，然后紧贴印制电路板插装集成电路插座。焊接时先焊边沿的两只引脚，以使其定位，然后再从左到右自上而下逐个焊接。

2. 完成焊点的焊接

按引线弯脚分，插焊可分为直脚焊和弯脚焊，如图 5.3.6 所示。为了便于维修，通常采用直脚焊。焊接时，要求焊点均匀一致，引脚与焊盘融为一体，无虚假焊。

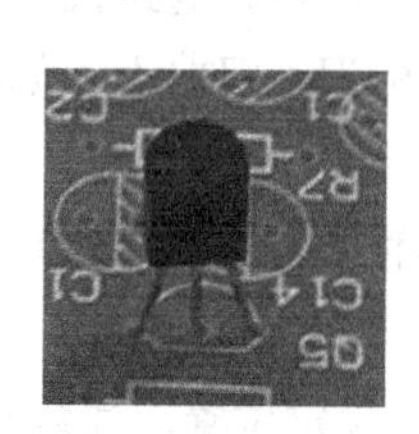

图 5.3.5　三极管插装示意图

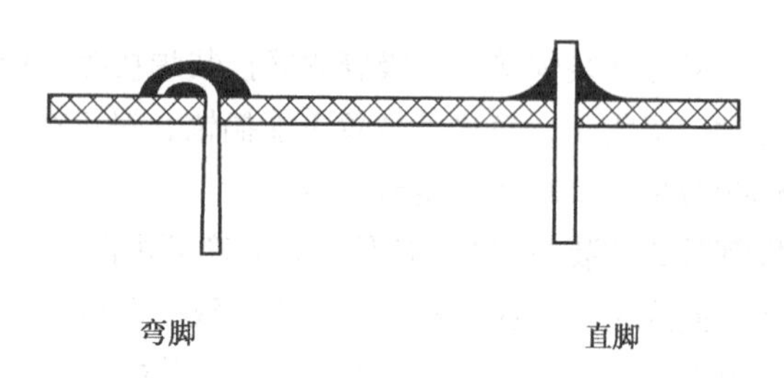

图 5.3.6　插焊方法示意图

（1）焊接时，电烙铁与与元器件引脚、铜箔以及焊锡丝的接触方法示意如图 5.3.7 所示。

（2）对于电容器、二极管、三极管露在印制电路板面上多余的引脚均需剪去，如图 5.3.8 所示。

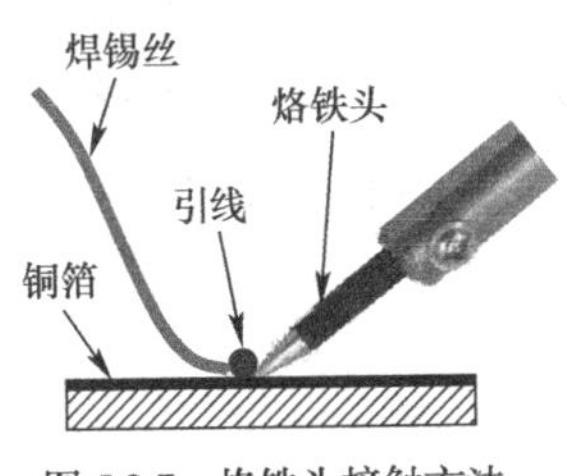

图 5.3.7 烙铁头接触方法

图 5.3.8 剪去印制电路板上多余的引脚

操作分析 2  导线与端子的焊接

1. 柱状端子焊接

导线与柱状端子是通过绕焊实现连接。柱状端子焊接是用尖嘴钳或镊子将导线卷绕在柱状端子上，然后进行焊接的工艺过程。绕焊焊接点强度高，但拆焊较困难。因此绕焊工艺适用于可靠性较高的场合。

（1）焊接时，把经过上锡的导线端头绕柱状接线端子缠 180°～270°，并用钳子拉紧缠牢，如图 5.3.9 所示。缠绕时，导线端头要紧贴端子表面，导线上的绝缘层不得接触端子，其间隙大致等于导线的粗细。

（2）焊接时，按图 5.3.10 所示，充分利用烙铁头表面范围给端子和芯线加热，其在端子上的位置应与绝缘导线对称，焊锡丝应在绝缘导线一侧（加热的对面）往接线端子上加料，使焊料由灼热的端子熔化而流到芯线的周围，形成一焊接带。

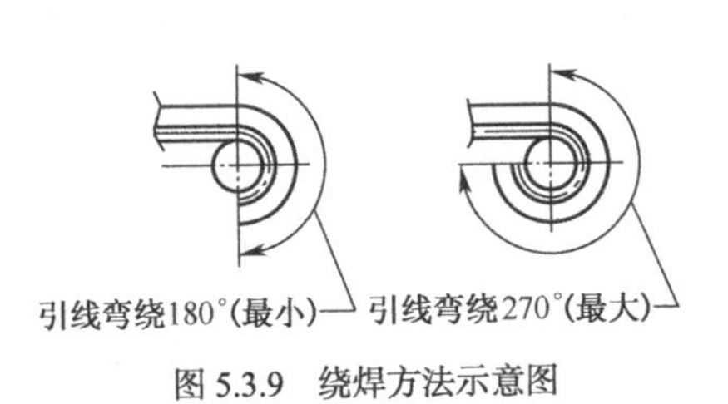

图 5.3.9 绕焊方法示意图

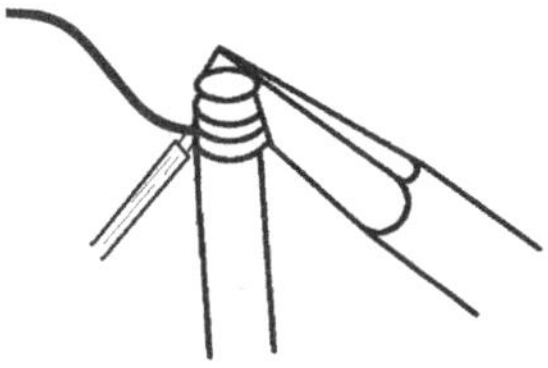

焊锡丝

图 5.3.10 绕焊方法示意图

完成焊接后，应检查每根导线的轮廓线是否明显浸过焊料，表面是否光泽，在导线与端子间形成一良好的凹面焊料轮廓线。

2. 杯形端子焊接

杯形接线柱是一底部密封的空心管状端子，常见于插头、插座上。

（1）先用烙铁头加热管状端子，使端子预加热。

（2）按图 5.3.11 所示，将焊锡丝放上熔化，使焊锡浸润管状端子内孔。

（3）用镊子夹持芯线，使其以一定角度置于管状端子，如图 5.3.12 所示。

（4）在芯线移至垂直位置后，向下插入浸润焊锡的管状端子孔内，直至芯线到管状端子底部，如图 5.3.13 所示。

图 5.3.11 电烙铁接触方法示意图

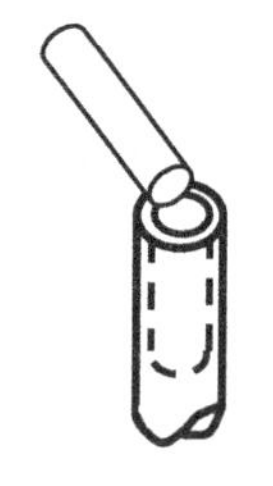

图 5.3.12 芯线插入管状端子

图 5.3.13 完成后的导线与管状端子连接

芯线在插入的过程中，要保持均匀、缓和的压力。

（5）待端子冷却后，方可松开镊子，然后套上套管。

3. 片状端子焊接

导线在片状端子上的连接可以用钩焊和搭焊连接。

如图 5.3.14 所示的电位器、指示灯和开关焊片上导线的连接一般采用钩焊。

钩焊和绕焊仅是工艺有所不同。它是将导线弯成钩状，钩连在端子上，然后进行焊接的方法。

（1）如图 5.3.15 所示，将芯线端子弯成钩形，钩在接线端子上并用钳子夹紧。

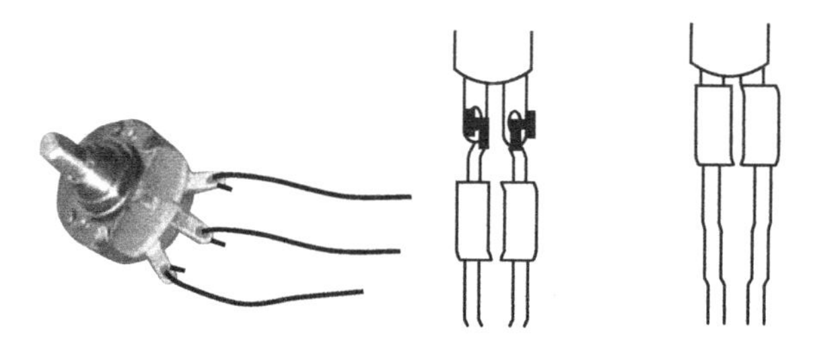

图 5.3.14 钩焊示意图

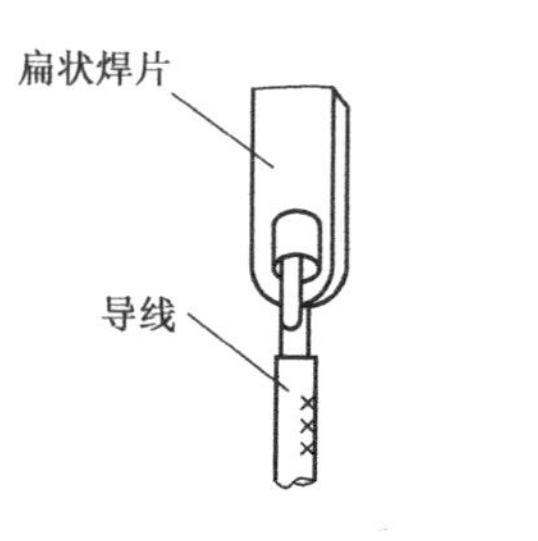

图 5.3.15 钩焊方法示意图

（2）焊接时，端头处理、焊接方法如图 5.3.16 所示。

在不便绕接和钩焊的场合，或调试中临时焊接通常采用搭焊。搭焊是将导线搭接在焊接点上，然后进行焊接的工艺过程，如图 5.3.17 所示。

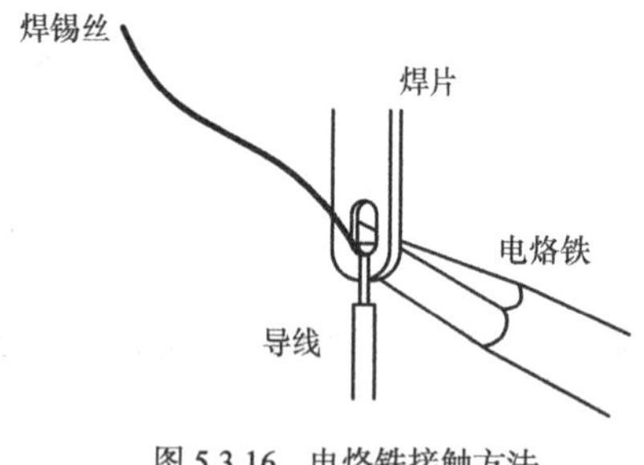

图 5.3.16 电烙铁接触方法

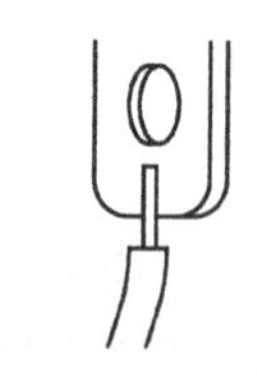

图 5.3.17 搭焊方法示意图

训练评价

1. 训练目标

能按工艺图纸的要求完成常用元器件的成型、插装和焊接。

2. 训练器材

（1）电烙铁、交叉镊子、焊锡丝（ϕ0.5mm）等常用装接工具。

（2）各种元器件明细如表 5.3.1 所示。

表 5.3.1　　　　元器件明细表

序　号	名　　称	型号规格	数　　量	位　　号
1	电阻器	1/4W 470Ω	10	R_1
2	电阻器	1/4W 1kΩ	8	R_2
3	金属化聚酯薄膜电容器	CL21	7	C_1
4	电解电容器	4.7μF	4	C_2
5	电解电容器	10μF	4	C_3
6	二极管	4148（玻封）	5	VD_1
7	二极管	1N4007（塑封）	5	VD_2
8	发光二极管	ϕ7（红、绿）	各 1	VL_1，VL_2
9	三极管	9013（塑封）	10	VT_1、VT_2
10	电位器	10kΩ（直立式）	2	RP_1、RP_2
11	集成电路插座	DIP-16	2	IC_1、IC_2
12	数码管		1	LED
13	编码开关		2	SK_1～SK_2
14	多用印制电路板		1	
15	镀锡裸铜丝	（ϕ0.5mm）	若干	

3. 训练内容及步骤

（1）按照图 5.3.18 所示装配工艺图纸要求完成元器件成型加工、插装焊接。其元器件插装工艺要求如表 5.3.2 所示。

（2）按焊接工艺要求完成元器件的焊接。

表 5.3.2　　　　元器件插装工艺表

名称	位号	插装工艺	安装工艺示意	
电阻器	R_1	卧式安装	焊接面	电阻器采用贴印制电路板卧装，如有多个电阻器安装，则色环方向应一致
	R_2	立式安装		阻值环朝上，如有多个电阻器安装，则色环方向应一致
电位器	RP_1、RP_2	直插安装	焊接面	采用直立式安装，不要歪斜
电解电容器	C_2、C_3	立式安装		注意其正负极性，特别是大容量电容器，极性装反易炸裂
		卧式安装	焊接面	注意其正负极性，特别是大容量电容器，极性装反易炸裂
薄膜电容器	C_1	直立式安装	焊接面	

续表

名称	位号	插装工艺	安装工艺示意	
发光二极管	VL_1、VL_2	直立式安装		注意其正负极性（长脚为正）
二极管	VD_1、VD_2	卧式安装		注意二极管的正、负极性
数码管	LED	直插安装		
编码器	SK_1、SK_2	直插安装		
集成电路	IC_1、IC_2	直插安装		集成块直插到引脚凸出处，不要歪斜，注意引脚标记方向

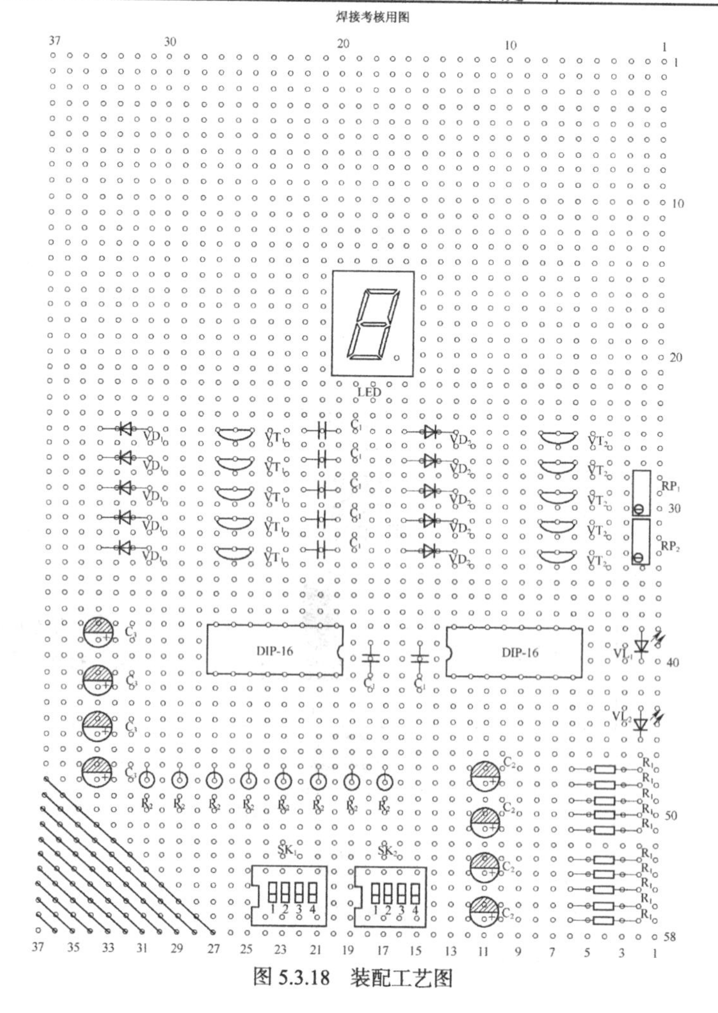

图 5.3.18 装配工艺图

提示

注意电阻色环位置、二极管负极性标记、电解电容器的正负极性、三极管 3 个极的位置。

4. 技能评价

印刷电路板元器件插装与焊接评价如表 5.3.3 所示。

表 5.3.3　　元器件的插装与焊接评价表

班　级		姓名		学号		得分	
考核时间		实际时间：　自　时　分起至　时　分					
项　目	考 核 内 容			配分	评 分 标 准		扣分
导线连接	1. 导线按图示要求安装位置正确 2. 导线挺直、弯角为 90° 直角 3. 导线在焊盘中间位置			20	1. 导线挺直、紧贴印制板。每错误一处扣 2 分 2. 导线安装位置正确，每错误一处扣 2 分 3. 导线在两孔中中间位置，每错误一处扣 2 分		
元器件成型及插装	1. 元器件正确成型 2. 插装位置、色环、标记、极性、高度符合工艺要求 3. 元器件排列整齐			30	1. 元器件成型正确，无错误。每错误一处扣 3 分 2. 插装位置、色环、标记、极性、高度正确，无错误，每错误一处扣 3 分 3. 元器件排列整齐，高低一致，每错误一处扣 2 分		
焊接质量	1. 焊点均匀、光滑、一致 2. 元器件引线长度适当			40	1. 有搭锡、假焊、虚焊、漏焊、焊盘脱落、桥焊等现象，每错误一处扣 3 分 2. 有毛刺、焊料过多、焊料过少、焊接点不光滑、引线过长等现象，每错误一处扣 2 分		
安全文明操作	1. 工作台上工具摆放整齐 2. 操作时轻拿轻放			10	1. 工作台上工具按要求摆放整齐，每错误一处扣 2 分 2. 焊接时应轻拿轻放不得损坏元器件和工具，每错误一处扣 3 分		
合计				100			
时间	规定时间为 90min				超时扣除总分一半		
教师签名：							

任务四　焊接质量的鉴别与拆焊技术

在焊接过程中，由于环境条件、焊接材料和焊接工具、被焊件表面状态以及焊接工艺、操作方法等诸多因素的影响，都会造成焊接缺陷，焊接点的好坏直接影响产品装配质量。因此，在完成焊接后，必须从目视和手摸两个方面对焊接的质量好坏进行评定和检查。

基础知识

知识链接 1  焊点的要求及外观检查

高质量的焊接点应具备以下几方面的技术要求。

1. 具有一定的机械强度

为保证被焊件在受到振动或冲击时，不出现松动，要求焊点有足够的机械强度。但不能使用过多的焊锡，避免焊锡堆积出现短路和桥焊现象。

2. 保证其良好、可靠的电气性能

由于电流要流经焊点，为保证焊点有良好的导电性，必须要防止虚假焊。出现虚假焊时，焊锡与被焊物表面没有形成合金，只是依附在被焊物金属表面，导致焊点的接触电阻增大，影响整机的电气性能，有时电路会出现时断时通现象。

3. 具有一定的大小、光泽和清洁美观的表面

焊点的外观应美观、光滑、圆润、清洁、整齐、均匀，焊锡应充满整个焊盘并与焊盘大小比例适中。

综上所述，一个合格的焊点从外观上看，必须达到以下要求。合格焊点形状如图 5.4.1 所示。

图 5.4.1　合格焊点

（1）形状以焊点的中心为界，左右对称，呈半弓形凹面。

（2）焊料量均匀适当，表面光亮平滑，无毛刺和针孔。

（3）润湿角小于 30°。

知识链接 2  常见焊点缺陷分析

焊接中常见的焊点错误及产生原因，如表 5.4.1 所示。

表 5.4.1　　常见的焊点错误及产生原因

现　　象	不良焊点形状	不良焊点可能产生原因
焊点呈麻点状		焊接温度低，形成冷焊 焊接温度过高或加热时间过长，使焊料晶粒粗化
焊料不足	焊锡 缺口 元件脚	焊接时焊料供给量不够或焊接面局部氧化
钮形焊点	焊锡	焊盘和引线严重氧化，焊料不能润湿焊盘，堆积成钮扣形状，其机械强度差，轻轻拨动，焊点就会脱落或松动

续表

现　　象	不良焊点形状	不良焊点可能产生原因
桥接	铜箔线	焊接时间过长或焊剂不够
拉尖		焊盘氧化、沾污，焊接温度偏低和焊剂用量少 电烙铁撤离的方法不当
气泡和针孔		主要是焊盘与引线的间隙过大，引线浸润不良。焊点在引线根部拱起、有孔和气泡
印制导线和焊盘翘起		主要是焊接时间过长、焊接温度过高，并集中在一处加热，铜箔粘合剂承受不了热冲击而脱离基板

操作分析 1　焊点的检查

手工锡焊的检查可分为目视检查和手触检查两种。

1. 目视检查

目视检查就是从外观上检查焊点有无焊接缺陷。可以从以下方面进行检查。

（1）焊点是否均匀，表面是否光滑、圆润。

（2）焊锡是否充满焊盘，焊锡有无过多、过少现象。

（3）焊点周围是否有残留的助焊剂和焊锡。

（4）是否有错焊、漏焊、虚假焊。

（5）是否有桥焊、焊点不对称、拉尖等现象。

（6）焊点是否有针孔、松动、过热等现象。

（7）焊盘有无脱落，焊点有无裂缝。

2. 手触检查

在外观检查的基础上，采用手触检查主要是检查元器件在印制电路板上有无松动，焊接是否牢靠，有无机械损伤。可用镊子轻轻拨动焊接点看有无虚假焊，或夹住元器件的引线轻轻拉动看有无松动现象。

操作分析 2  拆焊技能

在检查焊点的基础上，对有缺陷的焊点作适当补焊。对有些无法修复的焊点进行拆焊处理。

1. 补焊方法

对于有焊接缺陷的焊点进行适当的补焊。具体方法为：待焊点完全冷却后，再根据焊点缺陷的情况分别进行补焊，如加锡、加热、去锡、重焊等。注意补焊时，用烙铁的速度一定要快，可根据情况需要，进行第二次补焊，但一定要等到焊点完全冷却后再进行。

2. 拆焊方法

在调试、维修或焊错的情况下，将已焊接处拆除，取下少量元器件进行更换，称为拆焊。拆焊的难度比焊接大得多，往往容易损坏元器件并且导致印制电路板铜箔脱落、断裂。为了保护印制电路板和元器件拆卸时不损坏，需要采用一定的拆焊工艺和专用工具。

（1）用镊子进行拆焊。在没有专用拆焊工具的情况下，用镊子进行拆焊其方法简单，是印制电路板上元器件拆焊常采用的拆焊方法。由于焊点的形式不同，其拆焊的方法也不同。

① 对于印制电路板中引线之间焊点距离较大的元器件，拆焊时相对容易，一般采用分点拆焊的方法，如图 5.4.2（a）所示。操作过程如下。

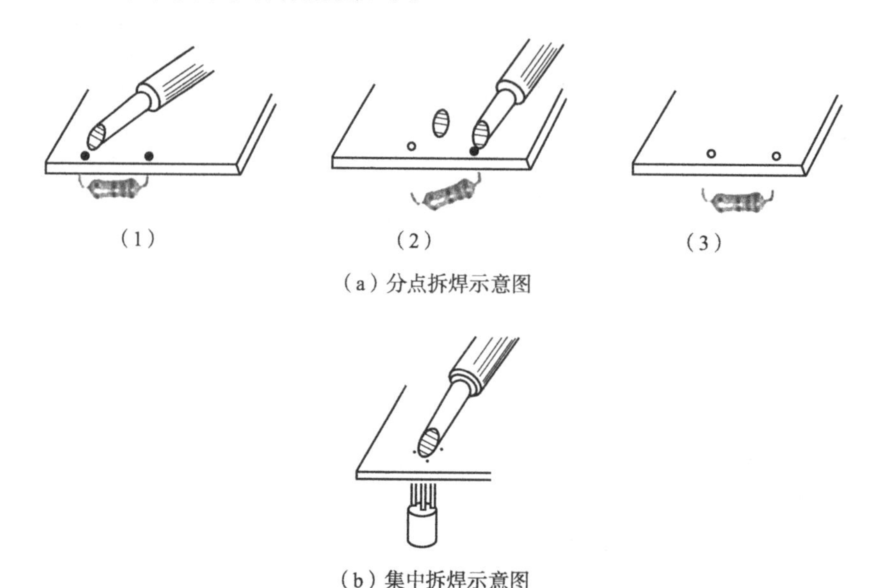

（a）分点拆焊示意图

（b）集中拆焊示意图

图 5.4.2　镊子拆焊示意图

- 首先固定印制电路板，同时用镊子从元器件面夹住被拆元器件的一根引线。
- 用电烙铁对被夹引线上的焊点进行加热，以熔化该焊点上的焊锡。
- 待焊点上焊锡全部熔化，将被夹的元器件引线轻轻从焊盘孔中拉出。
- 然后用同样的方法拆焊被拆元器件的另一根引线。
- 用烙铁头清除焊盘上的多余焊料。

② 对于拆焊印制电路板中引线之间焊点距离较小的元器件，如三极管等，拆焊时具有一定的难度，多采用集中拆焊的方法，如图 5.4.2（b）所示。操作过程如下。

- 首先固定印制电路板，同时用镊子从元器件面夹住被拆元器件。
- 用电烙铁对被拆元器件的各个焊点快速交替加热，以同时熔化各焊点上的焊锡。
- 待焊点上焊锡全部熔化，将夹着的被拆元器件轻轻从焊盘孔中拉出。
- 用烙铁头清除焊盘上的多余焊料。

小技巧

- 此办法加热要迅速，注意力要集中，动作要快。
- 如果焊接点引线是弯曲的，要逐点间断加温，先吸取焊接点上的焊锡，露出引脚轮廓，并将引线撬直后再拆除元器件。

③ 在拆卸引脚较多、较集中的元器件时（如天线线圈、振荡线圈等），采用同时加热的方法比较有效，如图5.4.3所示。

● 用较多的焊锡将被拆元器件的所有焊点焊连在一起。

● 用镊子钳夹住被拆元器件。

● 用35W内热式电烙铁头，对被拆焊点连续加热，使被拆焊点同时熔化。

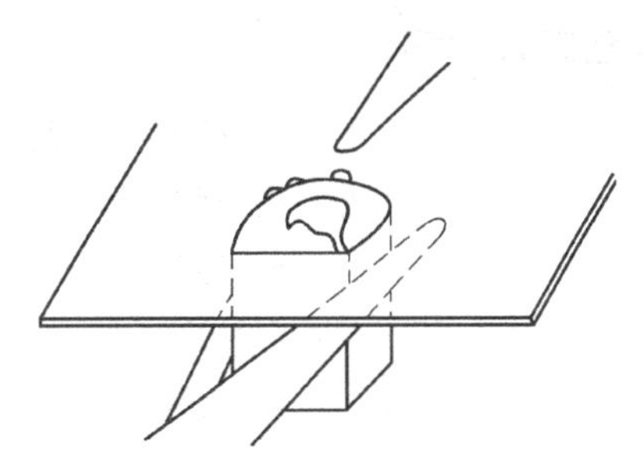

图 5.4.3　同步拆焊示意图

● 待焊锡全部熔化后，及时将元器件从焊盘孔中轻轻拉出。

● 清理焊盘，用一根不沾锡的ϕ3mm的钢针从焊盘面插入孔中，如焊锡封住焊孔，则需用烙铁熔化焊点。

（2）用专用吸锡烙铁进行拆焊。对焊锡较多的焊点，可采用吸锡烙铁去锡脱焊。拆焊时，吸锡电烙铁加热和吸锡同时进行，拆焊操作方法如图5.4.4所示。

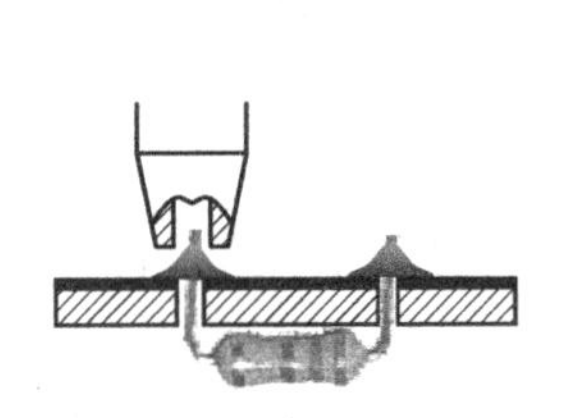

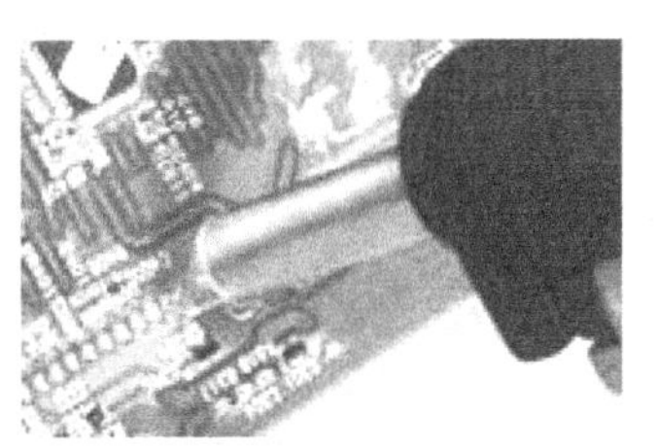

图 5.4.4　吸锡器拆焊示意图

① 吸锡时，根据元器件引线的粗细选用锡嘴的大小。

② 吸锡电烙铁通电加热后，将活塞柄推下卡住。

③ 锡嘴垂直对准被吸焊点，待焊点焊锡熔化后，再按下吸锡烙铁的控制按钮，焊锡即被吸进吸锡烙铁中。反复几次，直至元器件从焊点中脱离。

（3）用吸锡带进行拆焊。吸锡带是一种通过毛细吸收作用吸取焊料的细铜丝编织带，使用吸锡带去锡脱焊，操作简单，效果较佳。拆焊操作方法如图5.4.5所示。

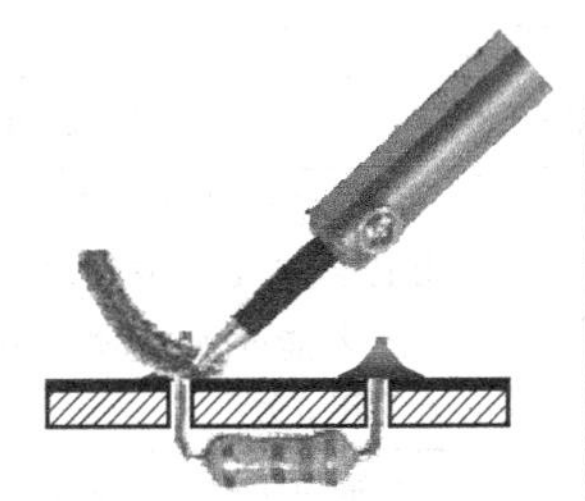

图 5.4.5　吸锡带拆焊示意图

① 将铜编织带（专用吸锡带）放在被拆的焊点上。

② 用电烙铁对吸锡带和被拆焊点进行加热。

③ 一旦焊料溶化时，焊点上的焊锡逐渐熔化并被吸锡带吸去。

④ 如被拆焊点没完全吸除，可重复进行。每次拆焊时间为2s～3s。

注意

- 被拆焊点的加热时间不能过长。当焊料熔化时，及时将元器件引线按与印制电路板垂直的方向拔出。
- 尚有焊点没有被熔化的元器件，不能强行用力拉动、摇晃和扭转，以免造成元器件和焊盘的损坏。
- 拆焊完毕，必须把焊盘孔内焊料清除干净。

训练评价

1. 训练目标

（1）掌握焊点质量的鉴别方法。

（2）掌握有缺陷焊点的补焊方法。

（3）能熟练运用各种工具进行拆焊。

2. 训练器材

电烙铁（外热式30W）、镊子、烙铁架（带吸锡海棉）、焊锡丝（ϕ0.5mm）、10倍放大镜、钢针（ϕ3mm）、吸锡电烙铁（30W）、吸锡带记号笔等。

3. 训练内容和步骤

（1）对已完成元器件插装焊接的多孔印制电路板（任务三）进行目视检查，找出有缺陷的焊点并作记号。

（2）用镊子对多孔印制电路板各个焊点作手触检查，找出有缺陷的焊点并作记号。

（3）记录各缺陷焊点情况，叙述缺陷发生的原因。

（4）经教师复评后，对有缺陷的焊点作补焊。

（5）选择适当的工具和拆焊方法对印制电路板上各种元器件进行拆焊。

4. 技能评价

焊接质量的鉴别与拆焊技能评价如表5.4.2所示。

表5.4.2　　焊接质量的鉴别与拆焊技能评价表

<table>
<tr><td>班　级</td><td></td><td>姓名</td><td></td><td>学号</td><td></td><td>得分</td><td></td></tr>
<tr><td>考核时间</td><td></td><td colspan="6">实际时间：　　自　　时　　分起至　　时　　分</td></tr>
<tr><td>项　目</td><td colspan="3">考核内容</td><td>配分</td><td colspan="2">评分标准</td><td>扣分</td></tr>
<tr><td>目视检查</td><td colspan="3">1. 目视检查焊点缺陷并用记号笔标注
2. 叙述焊点缺陷原因</td><td>20分</td><td colspan="2">1. 通过目视检查不能发现焊点缺陷和没用记号笔标注，每错误一处扣5分
2. 不能正确叙述焊点缺陷原因，每错误一处扣2分</td><td></td></tr>
<tr><td>手触检查</td><td colspan="3">1. 手触检查焊点缺陷并用记号笔标注
2. 使用镊子检查焊点缺陷并用记号笔标注
3. 叙述焊点缺陷原因</td><td>20分</td><td colspan="2">1. 通过手触检查不能发现焊点缺陷和没用记号笔标注，每错误一处扣5分
2. 使用镊子检查焊点不能发现缺陷和没用记号笔标注，每错误一处扣5分
3. 不能正确叙述焊点缺陷原因，每错误一处扣2分</td><td></td></tr>
</table>

续表

班　级		姓名		学号		得分	
考核时间		实际时间：　　自　　时　　分起至　　时　　分					

项　目	考核内容	配分	评分标准	扣分
补焊质量评价	1. 正确补焊、改正焊点错误 2. 补焊评价正确	10 分	补焊错误、导致焊点错误加大，每错误一处扣 2 分	
拆焊质量	1. 正确使用各种拆焊技术 2. 不损坏元器件和印制电路板 3. 整理各种元器件并分类	40 分	1. 没按要求拆焊，每错误一处扣 5 分 2. 拆焊损坏印制电路板焊盘，每错误一处扣 5 分 3. 拆焊损坏元器件，每错误一处扣 2 分 4. 元器件未整理分类，每错误一处扣 2 分	
安全文明操作	1. 工作台上工具排放整齐 2. 操作时轻拿轻放	10 分	1. 工作台上工具按要求排放整齐。每错误一处扣 2 分 2. 焊接时应轻拿轻放。每错误一处扣 2 分 3. 不得损坏元器件和工具。每错误一处扣 2 分	
合计		100 分		
教师签名：				

综合训练  模拟警铃功能电路的制作

1. 训练目标

在基本掌握印制电路板上元器件插装焊接技能的基础上，掌握功能电路的制作过程，从而进一步提高插装焊接技能。

2. 训练器材

（1）模拟警铃功能模块套件。

（2）相关工艺图纸。

（3）常用装接工具。

（4）万用表、直流电源、示波器。

3. 实训内容和步骤

（1）电路原理。

综合训练图 5.1 所示为用两块 555 时基电路构成的模拟警铃电路。其中 IC_1 构成超低频的多谐振荡器，IC_2 构成音频多谐振荡器。

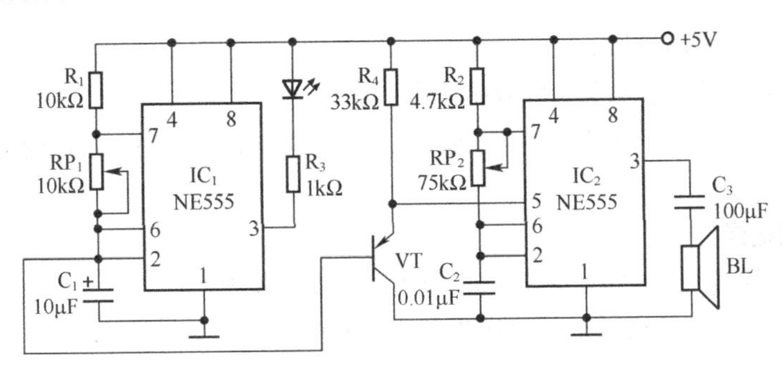

综合训练图 5.1　模拟警铃电路

（2）实训步骤。

熟读布线图（综合训练图 5.2）→ 清点元器件 → 元器件成型检测 →元器件插装 → 印制电路板焊接 → 导线连接 →通电前检查 → 通电调试 → 数据记录。

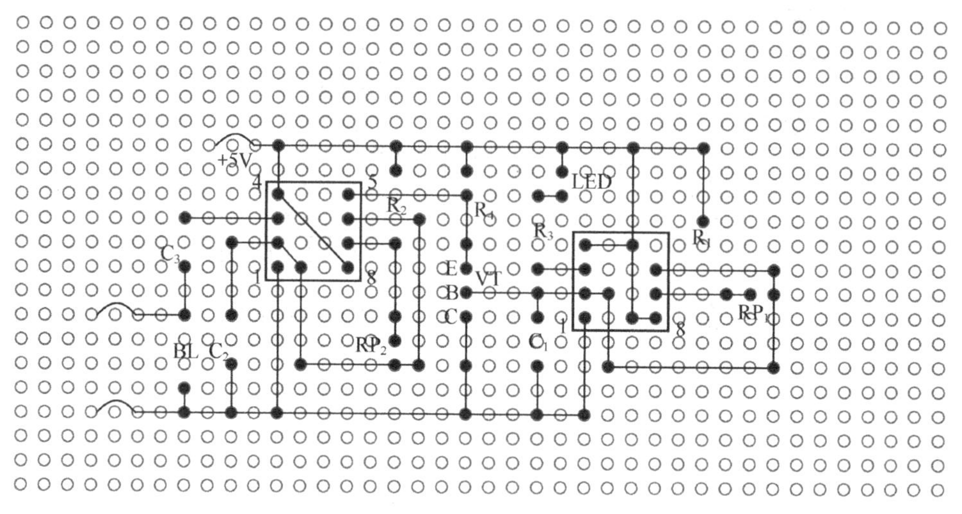

综合训练图 5.2　布线图

（3）元器件成型插装。

在多用印制电路板上按布线图成型插装元器件和导线，元器件插装应符合装配工艺表 5.3.2 的要求。基本原则如下。

① 元器件的标志方向应符合规定要求。

② 注意有极性的元器件不能装错。

③ 安装高度应符合规定要求，同一规格的元器件应尽量安装在同一高度上。

④ 安装顺序一般为先低后高，先轻后重，先一般元器件后特殊元器件。

（4）元器件焊接。

焊点要求圆滑、光亮、防止虚焊、搭焊和散锡。插入电路板焊孔的元器件线及导线均采用直脚焊，剪脚留头在焊面以上（1±0.5）mm 为宜。

（5）检测与调试。

检查元器件安装正确无误后接通电源。

① 先不接扬声器。

② 用示波器观测输出波形。

③ 接上扬声器，调整参数到声响效果满意。

注意；在电源接通时，不要随意移动或插入集成电路，以避免引起过电流冲击而造成集成电路损坏。

4. 实训数据记录

（1）用万用表检测元器件，将测量结果填入综合训练表 5.1 中。

（2）用示波器测量输出端波形，并将测量结果填入综合训练表 5.2 中。

（3）记录组装、调试的主要过程，总结制作成功的要点。

综合训练表 5.1　　　　模拟警铃功能电路实训器材一览表

名称和位号	型号或参数	检测数据	名称和位号	型号或参数	检测数据
电阻器 R_1	10kΩ		电容器 C_2	0.01μF	
电阻器 R_2	4.7kΩ		电容器 C_3	100μF	
电阻器 R_3	1kΩ		集成电路 IC_1、IC_2	NE555×2	
电阻器 R_4	33kΩ		发光二极管 LED		
电位器 RP_1	10kΩ		三极管 VT	9012	
电位器 RP_2	75kΩ		扬声器 BL	8Ω/0.5W	
电容器 C_1	10μF		IC 插座	DIP-8	

综合训练表 5.2　　　　模拟警铃功能电路信号频率范围测量

项　　目	超低频信号		音频信号	
	最低频率 f_L	最高频率 f_H	最低频率 f_L	最高频率 f_H
t/div				
div				
f				

5. 技能评价

元器件插装与焊接评价见综合训练表 5.3 所示。

综合训练表 5.3　　　　模拟警铃功能电路制作评价表

<table>
<tr><td>班　　级</td><td></td><td>姓名</td><td></td><td>学号</td><td></td><td>得分</td><td></td></tr>
<tr><td>考核时间</td><td></td><td colspan="6">实际时间：　自　　时　　分起至　　时　　分</td></tr>
<tr><td>项　　目</td><td colspan="3">评价内容</td><td>配分</td><td colspan="2">评分标准</td><td>扣分</td></tr>
<tr><td>元器件识别与检测</td><td colspan="3">按电路要求对元器件进行识别与检测</td><td>20 分</td><td colspan="2">1. 元器件识别错一个，扣 1 分
2. 元器件检测错一个，扣 2 分</td><td></td></tr>
<tr><td>元器件成型及插装</td><td colspan="3">1. 元器件按工艺表要求成型
2. 元器件插装符合工艺要求
3. 导线位置安装正确
4. 导线挺直、紧贴印制电路板</td><td>25 分</td><td colspan="2">1. 元器件成型不符合工艺要求，每处扣 1 分
2. 插装位置、极性错误，每处扣 2 分
3. 排列不整齐，标志方向混乱，每处扣 1 分
4. 导线弯曲、拱起，每处扣 1 分
5. 导线安装位置错，每处扣 2 分</td><td></td></tr>
<tr><td>焊接</td><td colspan="3">1. 焊点表面光滑大小均匀、无针孔、起泡、溅锡等现象
2. 无虚焊、漏焊、桥焊等现象
3. 印制电路板导线和焊盘无断裂、翘起、脱落等现象
4. 工具、图纸、元器件放置有规律，符合安全文明生产要求</td><td>25 分</td><td colspan="2">1. 不符合技术要求 1，每点扣 1 分
2. 不符合技术要求 2，每处扣 3 分
3. 不符合技术要求 3，每处扣 5 分
4. 不符合技术要求 4，扣 2～10 分</td><td></td></tr>
<tr><td>调试</td><td colspan="3">能正确按操作指导对电路进行调整</td><td>15 分</td><td colspan="2">1. 调试失败，扣 20 分
2. 调试方法不正确，扣 2～10 分</td><td></td></tr>
<tr><td>测量</td><td colspan="3">1. 能正确使用测量仪表
2. 能正确读数
3. 能正确作记录</td><td>15 分</td><td colspan="2">1. 测量方法不正确，扣 2～6 分
2. 不能正确读数，扣 2～6 分
3. 不会正确作记录，扣 3 分
4. 损坏测量仪表，扣 10 分</td><td></td></tr>
<tr><td>合计</td><td colspan="3"></td><td>100 分</td><td colspan="2"></td><td></td></tr>
<tr><td colspan="8">教师签名：</td></tr>
</table>

拓展训练  数字钟的制作

1. 训练目标

（1）认识数字电子钟的所用元器件。

（2）能使用相关的测量仪器。

（3）完成数字电子钟的组装和调试。

（4）具有初步的检修能力。

2. 器材与工具

（1）常用装接工具。

（2）万用表。

（3）数字电子钟套件（元器件、零部件明细表见拓展训练表5.1、表5.2）。

拓展训练表5.1　　数字钟元器件明细表

名称和位号	型号或参数	检测数据	名称和位号	型号或参数	检测数据
电阻器 R_1	120kΩ		三极管 VT_3	9013	
电阻器 R_2	10kΩ		三极管 VT_4	9013	
电阻器 R_3	6.8kΩ		晶振 X_1	30720Hz	
电阻器 R_4	6.8kΩ		IC_1	4060	
电阻器 R_5	6.8kΩ		IC_2	LM8560	
电阻器 R_6	1MΩ		IC_1插座	DIP-16	
电阻器 R_7	6.8kΩ		IC_2插座	DIP-28	
电容器 C_1	220μF		LED 显示屏	FTTL-655SB	
电容器 C_2	103		蜂鸣器 BZ		
电容器 C_3	1 000μF		轻触开关	A、H、M、T	
电容器 C_4	12pF		制锁开关	K	
二极管 $VD_{1\sim9}$	1N4001		变压器 T		
三极管 VT_1	9013		排线	五、六、七排线	
三极管 VT_2	9012				

拓展训练表5.2　　数字钟零部件明细表

序　号	名　称	型号规格	数　量	用　途
1	红色塑料按钮		1	K
2	自攻螺丝	2.5×6	3	固定印制电路板
3		3×6	2	固定变压器
4		3×10	1	固定上下盒
5	套管	ϕ2.5	2	电源线
6	电线	90mm	2	电路板到蜂鸣器
7		80mm	2	电路板到电池正负极
8	电池夹	正负极簧片	1套	电池盒内
9	电源线		1	
10	塑料套件		1	K

3. 实训内容和步骤

（1）电路原理。数字钟电路框图如拓展训练图5.1所示。

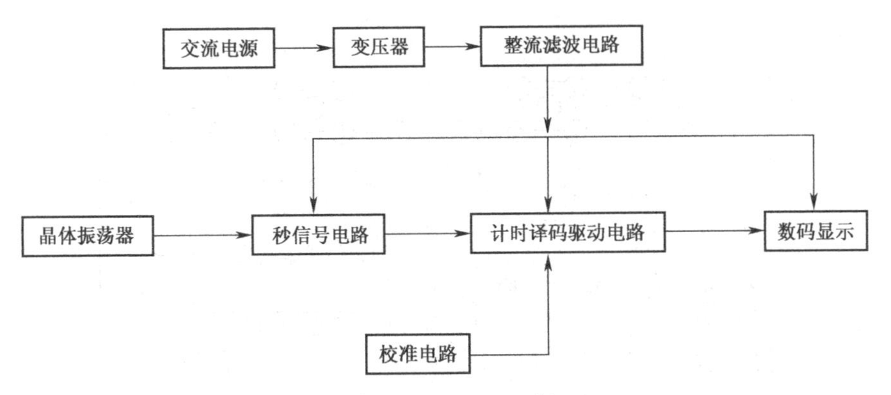

拓展训练图 5.1　数字钟电路框图

一般基本的电子钟由以下几部分组成：石英晶体振荡器和分频器组成的秒脉冲发生器；60 进制、分计数器及 12/24 进制计时计数器、校时电路以及秒、分、时的译码显示等部分。

电路原理图如拓展训练图 5.2 所示。

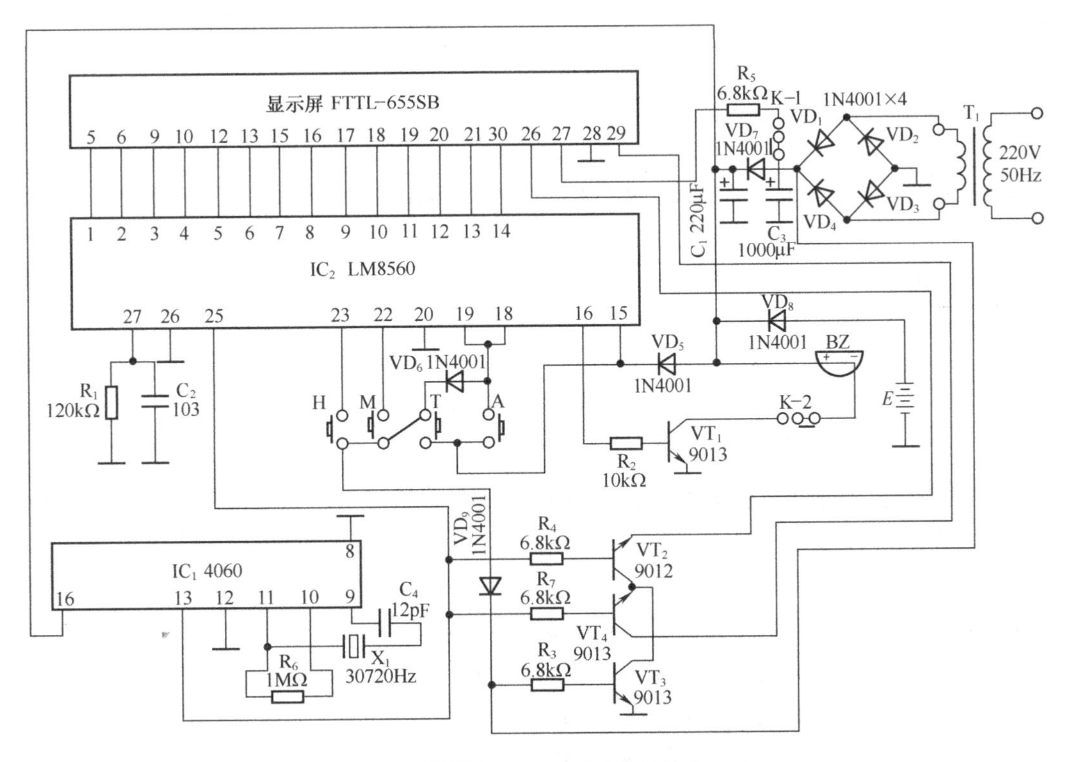

拓展训练图 5.2　数字钟电路原理图

（2）装配调式。清点元器件 → 元器件检测 → 检查印制电路板 → 元器件插装 → 印制电路板焊接 → 导线连接 → 变压器、印制电路板固定 → 通电前检查 → 通电调试 → 静态测量 → 数据记录。

① 元器件插装焊接。按拓展训练图 5.3 插装焊接。

- 先目测印制电路板，检查焊盘是否钻孔，印制导线有无短路、断裂现象。
- 印制电路板上的元器件，按先低后高的装配顺序进行插装焊接。

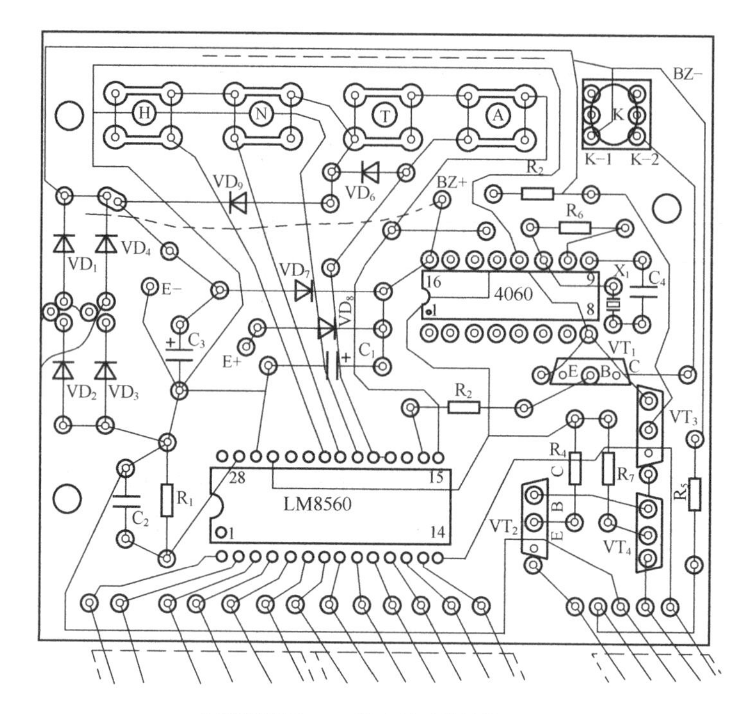

拓展训练图 5.3　数字钟元器件装配图

- 电阻器 R_1、R_2、R_3、R_4、R_5、R_6、R_7 采用卧式插装，其余元器件均采用立式插装，集成电路采用插座安装。

提示

- 集成电路插座必须垂直插到底，检查所有引脚均穿过印制电路板后才能焊接。
- 4 只轻触开关和 1 只制锁开关垂直插到底。
- 焊点要光滑、无毛刺，焊点大小适中，严防虚焊、错焊、搭焊等现象。

② 整机装配。按照数字钟整机装配接线图（见拓展训练图 5.4）和零部件明细表（见拓展训练表 5.2）完成整机装配。

（a）导线连接。

- 用 3 组排线分别将印制电路板与显示器屏的对应焊接点连接起来。
- 完成蜂鸣器（注意正、负极性）和电池盒的正、负极性连接。
- 将变压器次级线圈与印制电路板相连接。

（b）将电源变压器、印制电路板用螺钉固定在机壳上。

提示

- 注意变压器的初、次级，并且输入端与电源线焊接一定要套上套管。
- 在完成所有元器件插装焊接后，才能将集成电路芯片插上，以免损坏。

（3）校准方法。4 个轻触开关分别为 H、M、T、A，其中 H 是校时钮、M 是校分钮、T 是调钟显示钮、A 是闹时显示钮，制锁开关 K 是闹时（去闹）开关。

① 时间调试。开通电源后显示屏出现“12:00”字样并闪烁，说明电路正常。

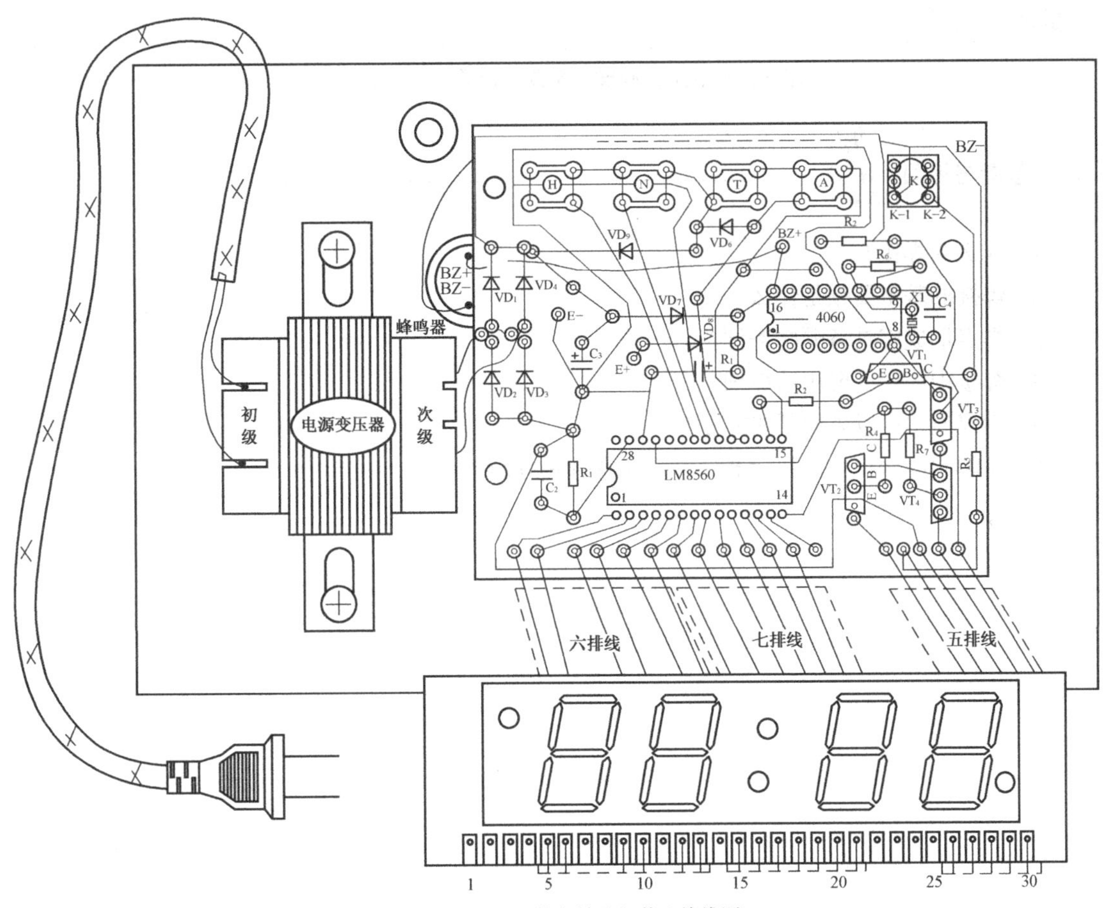

拓展训练图 5.4　数字钟整机装配接线图

按下“T”和“H”钮，这时显示屏上时钟不断从 1～12 变化，松开任一按钮应保持这时显示的数字不变，将时钟调到指定时间，松开轻触按钮。

按下“T”和“M”钮，这时显示屏上分钟数不断从 00～59 不断变化，松开任一钮应保持这时显示的数字不变，将分钟调到指定时间，松开轻触按钮。

② 闹时调试。按下“A”和“H”钮，将闹时时钟调到指定时间，松开轻触钮。

按下“A”和“M”钮，将闹时分钟调到指定时间，松开轻触按钮。

这样就完成了闹时调试，必须注意的是，制锁开关“K”必须置于弹出状态，即显示屏右下脚闹时指示灯亮。如需要去除闹时，只需按下去闹开关“K”即可。

项目小结

（1）在电子产品的装配过程中，焊接是一种主要的连接方法。

（2）正确使用和维护电烙铁，才能延长其使用寿命。

（3）手工焊接操作方法有三步法和五步法。其中五步法工艺流程为：焊接准备→加热被焊面→融化焊料→移开焊料→移出电烙铁。

（4）印制电路板上的元器件应按一定工艺要求进行插装、焊接。

（5）常用的拆焊工具有镊子、吸锡烙铁、吸锡带以及专用工具。

提示

手工锡焊的要点是：准确、熟练、迅速、干净。

思考与练习

1. 什么叫焊接?
2. 焊接的基本要领是什么?
3. 焊点形成应具备哪些条件?
4. 焊接中为什么要用助焊剂?
5. 拆焊通常可以采用哪些方法?
6. 在印制电路板上插装元器件时应注意哪些方面?

简单电子电路工艺识图

什么是电子电路图呢？它究竟有什么用？现在我们画图来分析一下手电筒工作原理就会明白了。

大家知道手电筒是由小灯泡、电池、开关等组成的，其实物结构和连接如图 6.1（a）所示。为了画图简单，分析方便，我们用一些符号来代表这些实物，如图 6.1（b）所示。

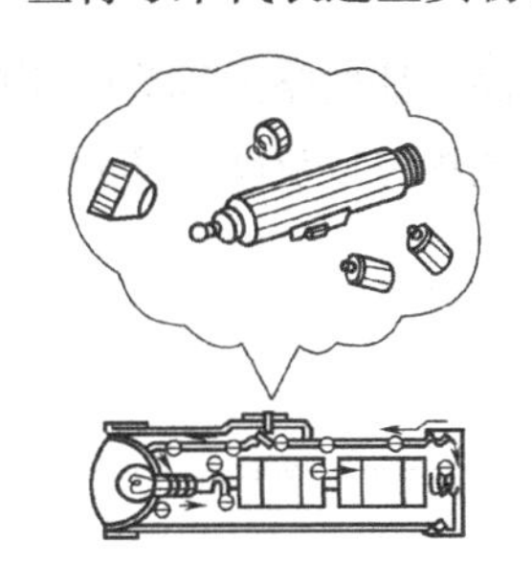

（a）手电筒实物结构

（b）小灯泡、电池、开关和它们的符号

图 6.1　手电筒的实物及其符号

如果手电筒的外壳相当于导线，用连接线代表。把小灯泡、电池、开关等符号按实物结构连接起来，便可画成图 6.2 所示手电筒的电路图。

从上述电路图中可以看到，当按下按钮开关时，电路便接通，电流就按照箭头所指的方向，从电池正极流经小灯泡、开关，回到负极，同时小灯泡发亮了；断开开关，电路中断，电路内没有电流流动，小灯泡不亮了。

灯泡　开关　电池　+　−

图 6.2　手电筒电路图

图 6.2 说明了手电筒的工作原理，表示了手电筒的安装接线方法，也说明了电路图的用途。由于它表示了电路的来龙去脉，说明了电流的流动情况，所以称之为“电路图”。

显然，用电路图表示一个电子整机产品，要比用实物图来表示简单得多，尤其是对结构比较复杂的电子产品，有了电路图，就会给装配、维修带来很大方便。

知识目标

- 正确识读和使用电路图中常用的图形符号和文字符号。
- 熟悉电原理图绘制的一般规则。
- 熟悉印制电路图绘制的一般规则。

技能目标

- 掌握简单电子整机产品电原理图的识图方法。
- 掌握印制电路图的识读和测绘技能。

任务一　电原理图识读

用各种电路符号表示电子整机产品功能的略图称为电原理图，它是所有图纸中最为全面和复杂，也是最重要的电路图。从电原理图中可以反映出实际电子电路的组成结构、工作原理及其电路功能。

基础知识

知识链接1  **电路符号识读**

电路符号包括图形符号、文字符号、元器件标称值等，它们是构成电原理图的基本要素。因此，首先必须了解（对常用的应掌握）这些符号的含义、标注原则和使用方法，才能看懂电路图。

1. 图形符号

翻阅电原理图，可以看到各种图形，有长方形、圆形、三角形、半圆形、线段组合形等。在电路图上呈现的这些用来传达信息的几何图形，包括图形上的标记或字符称为图形符号。

显然，只有当图形符号被标准化，成为电子工程技术的通用“语言”，才能为任何使用者正确识读。在国家技术监督局颁布的GB/T4728系列标准中，公布了1 644个标准化了的图形符号，常用元器件的电路图形符号新旧对照表详见附录A。

常见的图形符号有基本符号、一般符号、限定符号和符号要素。

（1）基本符号。基本符号用以说明电路的某些特征，而不表示独立的元器件。例如，“—”、“～”分别表示直流、交流，“+”、“–”用以表示直流电的正极和负极。

（2）一般符号。一般符号提供元器件基本信息，表示某一类元器件或此类元器件共同特征的较简单的图形符号。例如，图6.1.1所示图形符号提供的基本信息是电阻器或电阻功能。在识读该符号时，可以判定其为电阻类元器件。

图6.1.1　一般符号示例

（3）限定符号。限定符号是一种提供附加信息，表示元器件特殊功能、效应的简单图形或字符。它作为特定元器件图形符号的一部分，出现在元器件主体符号上，或加注在主体符号旁边。

限定符号的应用示例如图6.1.2所示。

（4）符号要素。符号要素是一种表示器件结构的最简单的图形。它必须同其他图形组合以构成一个代表器件或概念的完整图形符号。

例如，在图6.1.3中，图（a）所示屏蔽的符号要素与图（b）所示导线的基本图形符号复合构成了图（c）所示的屏蔽导线的图形符号。

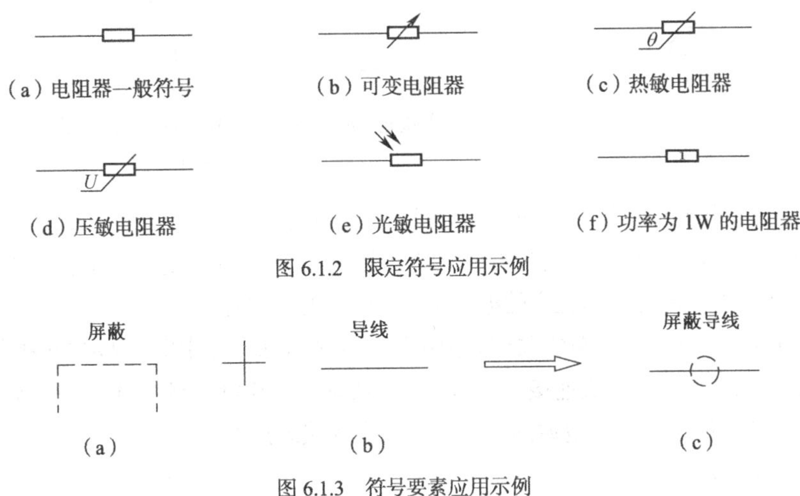

图 6.1.2　限定符号应用示例

图 6.1.3　符号要素应用示例

在以上 4 种符号中，一般符号及限定符号最为常用，尤其是限定符号的应用，使图形符号更具有多样性。

2. 文字符号

在电路图中，除了图形符号，还会见到大量特定的文字符号的组合。它们一般由字母和数字组成，并且标注在元器件之上或其近旁。

这些文字符号的组合在一套电路图中是唯一的，一种文字符号的组合只代表一个元器件（或零部件）。它们在电路图中有 3 个作用。

（1）用于表示每个图形符号的种类（功能），详见附录 B。例如，三极管用文字符号 VT 表示；电阻器用文字符号 R 表示。

（2）用于区别具有相同图形符号的元器件。相同的图形符号按顺序编号，如电路图中的文字符号 VT_1、VT_2 用来表示实际电路中的两个三极管，R_1、R_2 用来表示实际电路中的两个电阻器。

（3）使分布在图中各处的同一元器件（或零部件）的图形符号，通过代号相互联系在一起。同样，在不同工艺图纸上的同一元器件（或零部件）的图形符号和实物，通过同一代号一一对应，有利于查找和维护。

3. 接地图形符号及其识读

在电路图的解读过程中，经常会遇到接地的问题，搞清楚电路中的地线概念和接地符号，对简化电路分析是十分有利的。

人们说的接地通常有以下几种形式。

（1）保护接地。保护接地是指与外保护导体相连接或与保护接地电极相连接的端子。保护接地在电路中的图形符号如图 6.1.4 所示。

电子整机产品的外壳接地，是一种保护性接地。它通过与保护性接地端的连接，可以使电子整机产品外壳与大地等电位，从而避免电子整机产品因漏电使其外壳带电所造成的对人体的触电伤害。

（2）接地和接机壳。电子电路图中的接地点是电路中的公共参考点，规定这一点的电位为 0V，电路中其他各点的电位高低都以该点作为参考，这样一个公共参考点（接地点）在绘制电路图时应用如图 6.1.5 所示的接地符号表示。

图 6.1.5（a）所示为接地的一般符号，图 6.1.5（b）所示为接机壳、接机架的接地符号，它表示连接机壳、机架的端子。

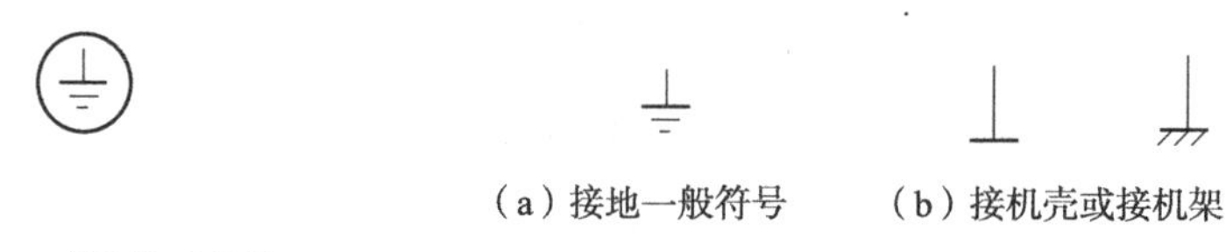

图 6.1.4　保护接地符号　　图 6.1.5　接地符号

① 电路中具有相同的接地符号的节点可以看成导线连接。

② 电路中的接地点往往是和电源的正极或负极相连。为了简化电路的画法，习惯上一般不画电源的符号，而只把电源为电路提供的电压 V_{CC} 以电位的形式标出。

例如：图 6.1.6（a）所示为单级共射放大电路的完整画法，图中电源 E_C 的负极与电路中的负载电阻 R_L、三极管 VT 的发射极连接，成为电路的接地点。绘制电路图时，一般将该电源符号简化，如图 6.1.6（b）所示，表示电源的负极与电路中的接地点相连。

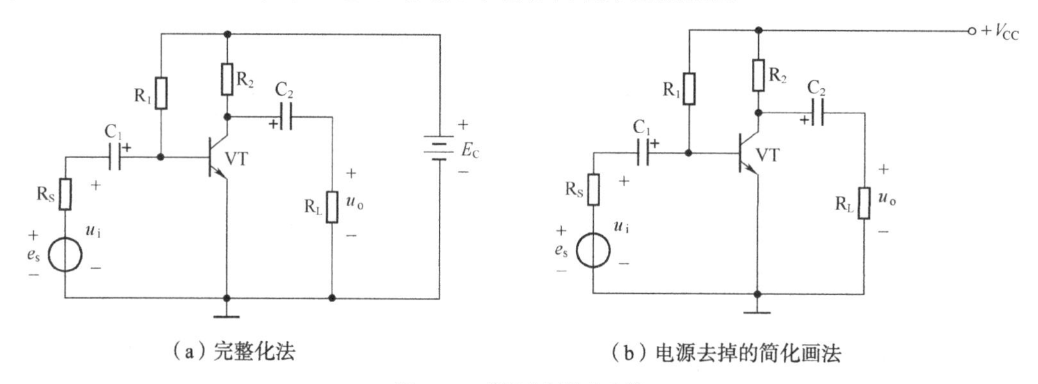

图 6.1.6　单级共射放大电路

注意

如果电路图中有两种不同的接地符号，表示该电路有两个彼此独立的直流电源供电，这两个接地点必须高度绝缘，不得相连。

知识链接 2　电子电路图识读的基本方法

在熟悉了常用电子元器件的图形符号和文字符号以后，下面介绍识读电路图的基本方法。图 6.1.7 所示为推挽放大器电路。

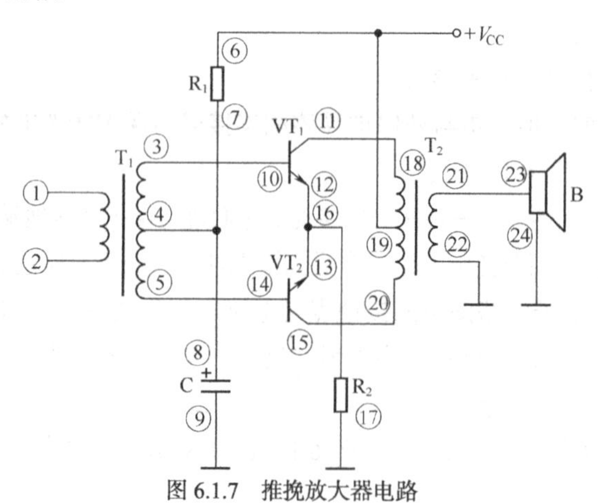

图 6.1.7　推挽放大器电路

我们可以看到，图 6.1.7 就是用很多连线将前面讲过的元器件连接起来。那么，在识图时，首先必须根据 GB/T4728 系列中关于电气图用图形符号标准（见附录 A），把每个图形符号与元器件一一对应起来，如图 6.1.8 所示。对于初学者来说，为了方便起见，可以对每个元器件及其图形符号进行编号。

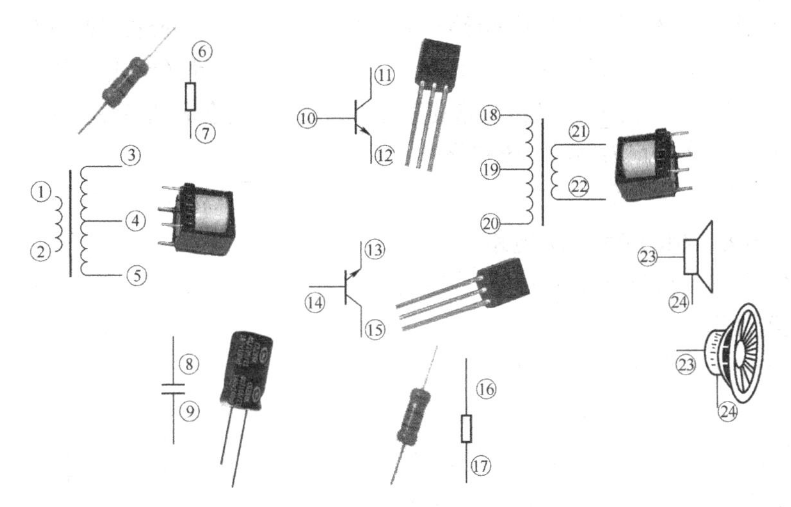

图 6.1.8　图形符号和实物对照图

然后对照图 6.1.7 来初步识读电路图。例如，在⑪和⑱之间画了一条连线，这条连线告诉我们需要用一条导线将三极管 VT_1 的集电极⑪端和输出变压器的⑱端连接起来。

按照电原理图绘制的一般规则，凡是几条线交叉在一起中间画上“•”，则表示导线相互连接在一起，在 GB/T4728 系列标准中，若两条直线相交成丁字形 ，则交叉点上的“•”圆点可省略，其图形符号见附录 A。所以，图 6.1.7 中⑫、⑬、⑯这 3 点间连接着一些线条而且相交点打着“•”，说明电路中 VT_1、VT_2 的发射极与电阻器 R_2 的一个引脚需用导线互相连接在一起。

我们再看图 6.1.7 中③、⑩之间的连线与⑦、⑧之间的连线交叉，但没有“•”，也就是说，应该用导线分别将③与⑩、⑦与⑧连接起来，但它们的连线互不相通（跨越），应互相绝缘，其图形符号为“+”。

总之，在识图时要注意以下几点。

（1）元器件和其图形符号要对号入座。尤其是二极管、三极管、电解电容器的图形符号上对于引脚的标志与实际元器件的极性不能搞错。例如，图 6.1.7 中⑱端应连接三极管 VT_1 集电极，如果错把三极管其他引脚接到⑱端，那么，整个电路就接错了。

（2）应该避免把不该连接的地方连在一起。例如，图 6.1.7 中⑤和⑭相连，⑦和⑧相连，但⑤和⑭的连线与⑦和⑧的连线不应该连接（即两根导线金属部分不能连在一起）。

（3）接地符号和接地符号之间就等于导线接在一起一样。例如，图 6.1.7 中电阻器 R_2⑰是接地的，$C_1$⑨也是接地的，那么，把电阻器 R_2⑰接到电容器 $C_1$⑨或把电容器 $C_1$⑨接到电阻器 R_2⑰都是一样的。

（4）假设有①、②、③这 3 点，规定①和②连接，但如果②、③已经连接，那么，①和③连接也就等于①和②连接。例如，图 6.1.7 中④、⑦、⑧这 3 点是连在一起的，如果④、⑦已经连接，那么⑧只要接④（或⑦），这样 3 个点就等于都连在一起了。

操作分析

操作分析 1　单元电路的解读

单元电路是整机电路中能完成某一电路功能的基本电路。为了分析方便，单元电路图以其简洁明了的方式，单独画出这部分电路，并完整地表达了该单元电路的组成结构。

因此，在识读和分析电子产品整机电路的过程中，我们首先会遇到各种功能繁多的单元电路。下面仅以几个典型单元电路为例，识读和分析电原理图。

1. 单级放大器

图 6.1.9 所示为典型的单级放大电路。

单级放大电路的电路分析过程一般是：直流分析→交流分析→元器件作用分析→电路功能。

（1）三极管单级放大器直流电源供电。三极管放大信号的必要条件是：必须给三极管提供一定的静态工作电流。所谓静态工作电流就是指没有信号输入放大器时三极管的直流工作电流。该电流由放大器中的直流电源提供。因此，在进行电路直流分析时，电容器视为开路，电感器视为短路。

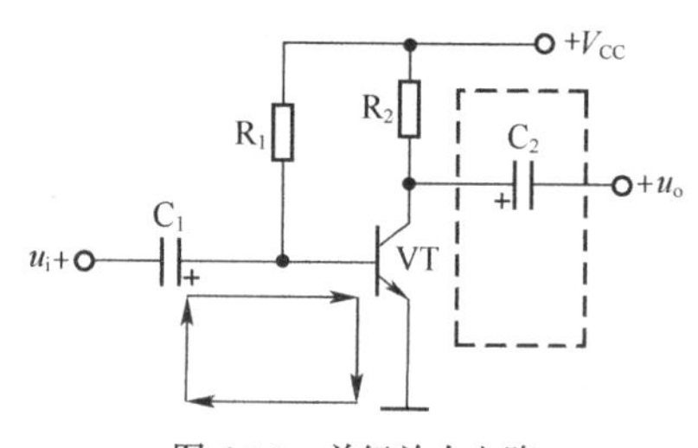

图 6.1.9　单级放大电路

直流偏置电路分析步骤如下。

① 在电路中找出放大器件三极管 VT 的电路符号。

② 通过三极管的基极找出基极偏置电路中的元器件（基极偏置电阻），并分析基极电流回路。

基极偏置电阻是基极与电源 V_{CC} 之间能够通直流电流的元器件。图 6.1.9 所示电路中 R_1 是基极偏置电阻。

基极回路的判断如图 6.1.9 实线所示：

直流电源 V_{CC}→基极偏置电阻 R_1
↑　　　　　　　　↓
接地线 ←发射极 e ←基极 b

此外，常见的几种偏置电路如图 6.1.10 所示。

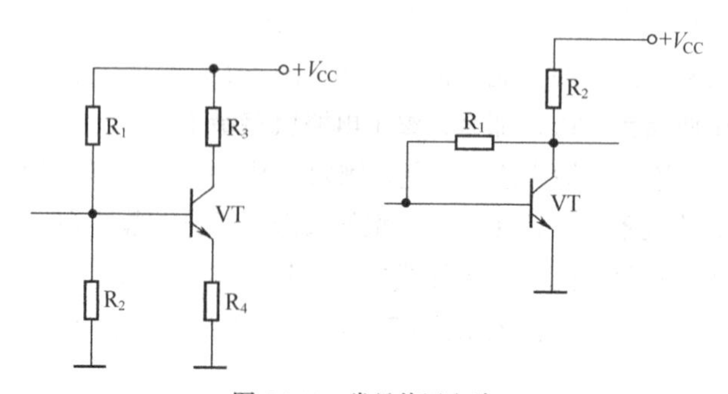

图 6.1.10　常见偏置电路

③ 通过三极管的集电极和发射极，找出集电极电流回路中的元器件，并分析集电极电流回路。

集电极负载电阻是三极管集电极与电源之间直流通路上的元器件，图 6.1.9 中 R_2 即为集电极负载电阻。集电极与发射极回路的判断如图 6.1.9 虚线所示：

直流电源 V_{CC}→集电极负载电阻 R_2

接地线←发射极 e←集电极 c

（2）三极管单级放大器交流分析。交流分析也就是分析信号的传输、处理和变换过程。

在三极管单级放大器交流分析时，由于耦合电容器的容量大，其容抗很小，所以将耦合电容视为通路。

① 放大器类型判别方法：找出放大器中三极管的输入端（基极）和输出端（集电极），余下一个电极（发射极）被输入和输出回路公用，即公共接地端，则该电路为共射极放大器。

② 信号传输过程：由于电原理图的习惯绘制方法是前级放大器画在左侧，后级放大器画在右侧，所以分析交流信号传输方向时一般从左向右。

从图 6.1.11 所示的交流信号传输示意图中可以看出单级放大电路信号的传输过程为

输入信号 u_i→输入耦合电容→VT 基极输入→VT 集电极输出→输出耦合电容→输出信号 u_o

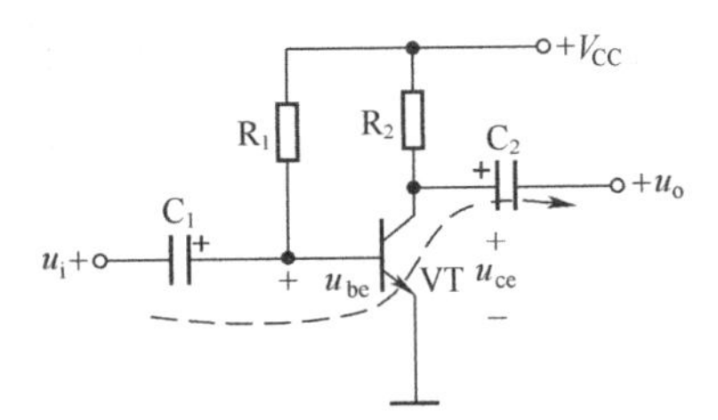

图 6.1.11　交流信号传输示意图

在信号的传输过程中，C_1 和 C_2 起耦合信号的作用，即要求其对信号进行无损耗的传输。VT 是放大管，对信号具有放大作用。其信号放大和处理过程如下：

$$u_i \longrightarrow u_{be} \longrightarrow i_b \longrightarrow i_c \overset{\times\beta}{=\!=} \beta i_b \longrightarrow u_{ce} \longrightarrow u_o$$

（3）元器件作用分析。元器件作用分析主要从直流和交流两个角度去分析各元器件在电路中所起的作用，共射放大电路中各元器件的主要作用如表 6.1.1 所示。

表 6.1.1　　元器件主要作用

元器件名称	作用	
	直流回路中	交流回路中
R_1 基极偏置电阻	提供合适的基极工作电压和电流	提供合适的静态工作点，使交流信号不失真放大
R_2 集电极负载电阻	为三极管提供集电极直流工作电压和电流	将三极管集电极电流的变化转换成集电极电压的变化
C_1 输入耦合电容（电容容量大）	相当于断开，使基极直流电压不会被信号源短路	交流容抗接近零，可以认为其对信号无传输损耗，u_i 加到 VT 的基极
C_2　输出耦合电容（电容容量大）	相当于断开，隔离集电极上的直流电压	交流容抗接近零，可以认为其对信号无传输损耗 $U_o = u_{ce}$
VT　放大器件	放大电路的核心，起电流放大作用	
V_{CC} 直流电源	提供电路的能量	

（4）共射放大电路反相放大特性。共射放大电路在放大信号的过程中，各交流分量的变化情况如下：

$u_i\uparrow \longrightarrow u_{be}\uparrow \longrightarrow i_b\uparrow \longrightarrow i_c \overset{\times\beta}{=} \beta\, i_b\uparrow \longrightarrow u_{Rc}\uparrow \longrightarrow u_{ce}\downarrow \longrightarrow u_o\downarrow$

可以看出，共射放大电路具有电压放大作用，同时输出信号电压与输入信号电压反相，这是共射放大电路的一个重要特性。

2. 多级放大器的识读和分析

在实际应用中往往要将一个微弱的信号放大几千倍甚至更大，这是单级放大电路所不能完成的。为了解决这个问题，可以把几个单级放大电路连接起来，以达到所需要的放大倍数。因此，多级放大器是由两级或两级以上单级放大器通过级间耦合连接起来的放大电路。多级放大器大量应用于实用放大系统中，图 6.1.12 所示为两级放大器的电路图。

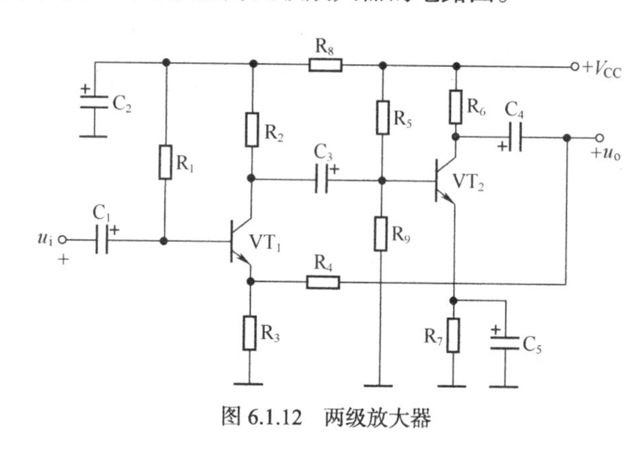

图 6.1.12 两级放大器

（1）判断放大器的级数和类型。一般根据电路中工作在放大状态三极管的个数，来判断放大器的级数。

在图 6.1.12 中，三极管 VT_1 构成第 1 级固定偏置的共射放大器，VT_2 构成第 2 级分压式偏置共射放大级，所以该电路为两级放大器。

从电路的连接上看，VT_2 的发射极并没有直接接地，但由于电容器 C_5 的容量较大，对交流信号的容抗很小而呈短路状态，所以对交流信号相当于接地（发射极交流接地），电容器 C_5 称为射极旁路电容。

（2）级间耦合电路。每两个单级放大电路之间的连接称为耦合，实现耦合的电路称为级间耦合电路，其任务是将前级放大器或信号源的输出信号无损耗地加到后级放大器或负载电路中。

级间耦合的方式主要有阻容耦合、变压器耦合、光电耦合、直接耦合等。

① 阻容耦合。阻容耦合放大电路是通过电容器和后级的输入电阻实现前后级的耦合，如图 6.1.13 所示。由于耦合电容的隔直通交的作用，各放大器的直流工作电压彼此独立，互不影响。

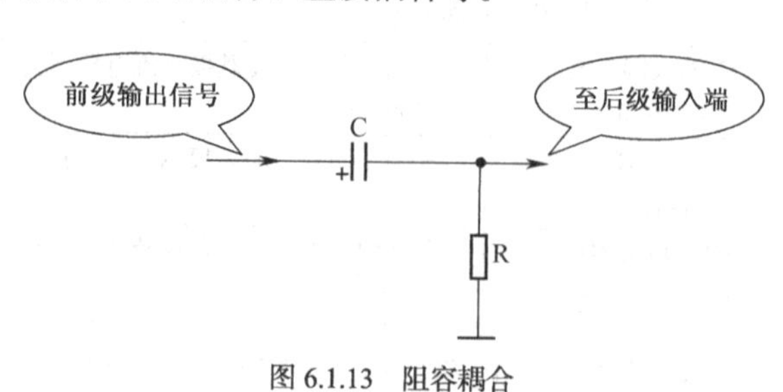

图 6.1.13 阻容耦合

由于电容器 C 和电阻器 R 构成分压电路，如果电阻器的阻值很大，电容器的容抗很小（C 容量大），那么耦合电路对信号的传输可以认为是几乎无损耗。显然，电容器 C 和电阻器 R 的大小对放大电路的低频特性影响更大。因此，这种电路只能放大频率不太低的交流信号，而不能放大缓慢变化的信号和直流信号。

② 变压器耦合。级与级之间通过变压器连接的方式称为变压器耦合，它实质上是一种磁耦合。由于变压器的阻抗变换作用，这种电路可以得到较大的输出功率，因此变压器耦合方式适用于功率放大电路。

③ 光电耦合。两级之间的耦合是通过光电耦合器件实现的，称为光电耦合。光电耦合器件常用发光二极管或发光三极管构成，光电耦合放大电路框图如图 6.1.14 所示。

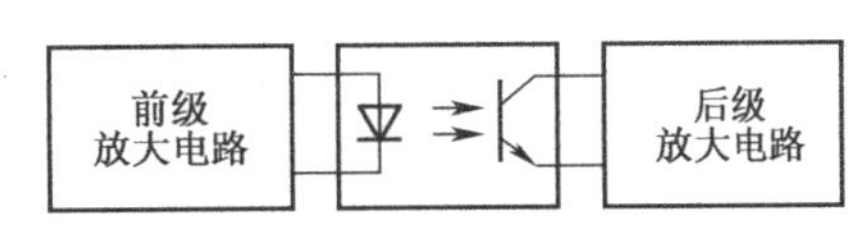

图 6.1.14 光电耦合放大电路框图

从图 6.1.14 中可以看出：光电耦合是通过电－光－电的转换来实现级间的耦合。由于利用光电实现耦合，使两级电路处于电隔离状态，前后级电路相互绝缘，隔离性能好。

④ 直接耦合。前级的输出端和后级的输入端直接连接的方式，称为直接耦合。由于直接耦合不需要耦合电容和变压器，一般也不采用旁路电容，因此，它具有良好的频率特性，可以放大低频或直流信号，又称为直流放大器。

显然，图 6.1.12 为两级阻容耦合放大电路，两级之间通过耦合电容 C_3、第 2 级放大电路的输入电阻 R_{i2} 将前级输出的信号无损耗地传输到后级输入端，故为阻容耦合。

注意

在阻容耦合电路中，电阻是后级放大器的输入电阻 R_{i2}，在电路中不能直接看出。

（3）直流电路分析。R_1 为 VT_1 固定式偏置电阻，R_5、R_9 为 VT_2 的分压式偏置电阻，分别为 VT_1、VT_2 提供偏置电流；R_2、R_6 分别为 VT_1 和 VT_2 的集电极负载电阻，为 VT_1、VT_2 提供直流通路；R_3、R_7 是 VT_1 和 VT_2 的发射极反馈电阻，由于电容器 C_5 对直流信号呈现较大的容抗，相当于开路，所以对直流回路来说，VT_2 的发射极通过电阻器 R_7 接地，并不是直接接地。

（4）信号传输过程如下：

输入信号 u_i→耦合电容 C_1→VT_1 基极→放大→VT_1 集电极输出→C_3 耦合→VT_2 基极

↓

C_4 耦合送到后级，输出信号 u_o←VT_2 集电极输出←放大

（5）负反馈电路。R_4 是跨接在两级放大电路的输入和输出回路之间的电阻器，构成一个闭环负反馈电路，以改善放大器的性能。

（6）级间退耦电路。在图 6.1.12 所示电路中，电容器 C_2 和电阻器 R_8 为一级退耦电路，以避免级间产生正反馈而引起自激。

3. 功率放大电路

功率放大器是实现信号功率放大的电路，而低频功率放大器是一种十分常见的放大器，尤其广泛应用在收录机、彩电和音响的电器设备中。由于不同设备对输出功率的要求不同，低频功率放大器的类型也不同。

图 6.1.15 所示为由 VT_1、VT_2 构成的推挽放大器。

输入变压器 T_1 次级的中心抽头通过电容器 C 接地，从而输出大小相等、相位相反的两组信号，分别输入到 VT_1、VT_2 的基极。

VT_1、VT_2 是一对性能参数非常接近的同型号功率管，在输入大小相等、相位相反的信号作用

下，分别导通或截止，即在输入交流信号的整个周期，VT_1、VT_2各工作半个周期。

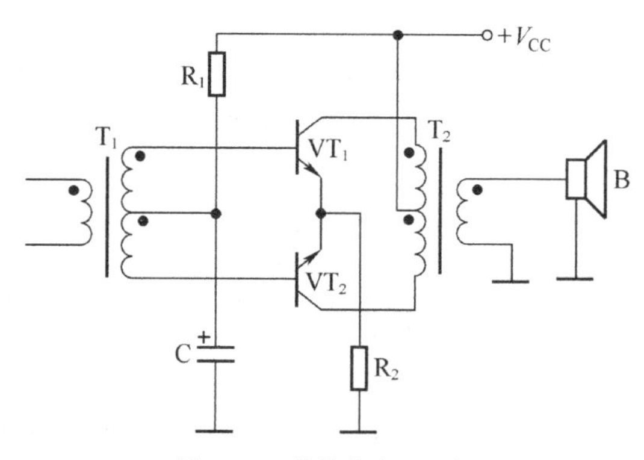

图6.1.15　推挽放大器电路

在VT_1导通的半个周期中，集电极电流自下而上流过输出变压器的初级线圈，在VT_2导通的半个周期中，集电极电流自上而下流过输出变压器的初级线圈，两个半周的信号合成，使T_2的次级输出一个完整的交流信号，最后加到扬声器上，通过电声转换，产生优美动听的声音。

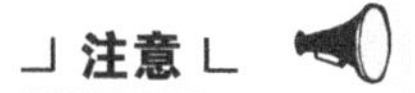

注意

VT_1、VT_2对直流回路来说是并联的。

操作分析2　方框图解读

由于电子电路尤其是整机电路图的组成太复杂，元器件数量众多，往往不容易了解设计的意图，给电路图的识读带来困难。因此，在分析电子电路图之前，必须从方框图出发，先了解电路的组成概况，然后与电路结合起来进行电路图的识读。

1. 方框图种类及其功能

（1）集成电路内部电路方框图。反映出集成电路内电路组成、引脚作用的识图信息，有利于进一步分析集成电路的应用电路。

（2）系统电路方框图。复杂的整机电路往往是由多个系统组成，系统电路方框图表示该部分电路的组成及有关详细的识图信息。

（3）整机电路方框图。反映出整机电路组成、各部分单元电路之间的相互关系和信号的传输途径。

2. 方框图功能

方框图能表示各单元电路之间的相互关系，而不是具体的连接。

3. 方框图解读方法

（1）根据方框图中用文字符号表示的内容，可以知道该单元电路的功能，从而了解信号在这一单元电路中的处理过程。

（2）通过方框图中的箭头指向，可以看出信号流向等识图信息，从而了解信号在各部分单元电路之间传输的先后次序。

（3）在分析集成电路的应用电路时，还可以借助于集成电路内电路方框图来了解各引脚的作用，判断引脚的输入端、输出端和电源端，箭头指向集成电路方框图外部的引脚为输出引脚，箭头指向集成电路方框图内部的引脚为输入引脚。

掌握电路方框图的正确分析不仅有助于整机电路工作原理的分析，而且对电子产品的最后测试、故障排除中逻辑推理的形成和故障位置的判断起着十分重要的作用。

4. 整机方框图解读实例

图 6.1.16 所示为调幅（AM）收音机的整机方框图。

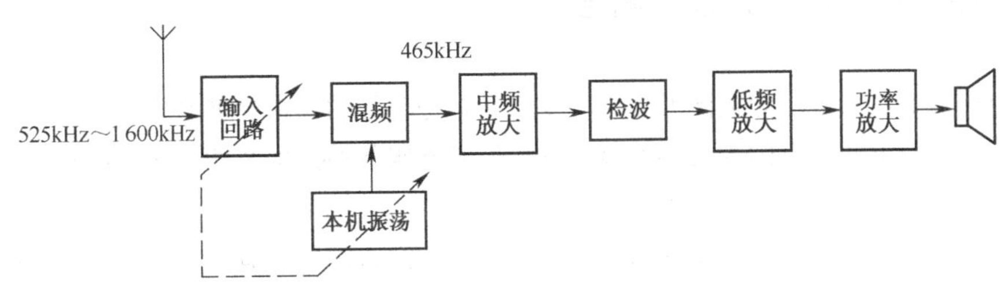

图 6.1.16　AM 收音机整机方框图

该方框图中所代表的内容都以文字符号来表示。由图 6.1.16 可看出，AM 收音机由输入回路、混频、中频放大、检波、低频放大、功率放大、扬声器等部分组成；根据方框图中箭头指向，信号传输方向是自天线输入，经放大、检波，最后从扬声器输出。

收音机接收信号的频率范围为 525kHz～1 600kHz（中波段），信号在中频放大前，与本机振荡信号进行混频，产生 465kHz 中频信号，中频信号经中频放大后进行检波，恢复原来的低频调制信号，通过扬声器的电声转换将低频信号转换成声音信号，从而实现 AM 信号的接收。在接收过程中，信号的频率变换过程如图 6.1.17 所示。

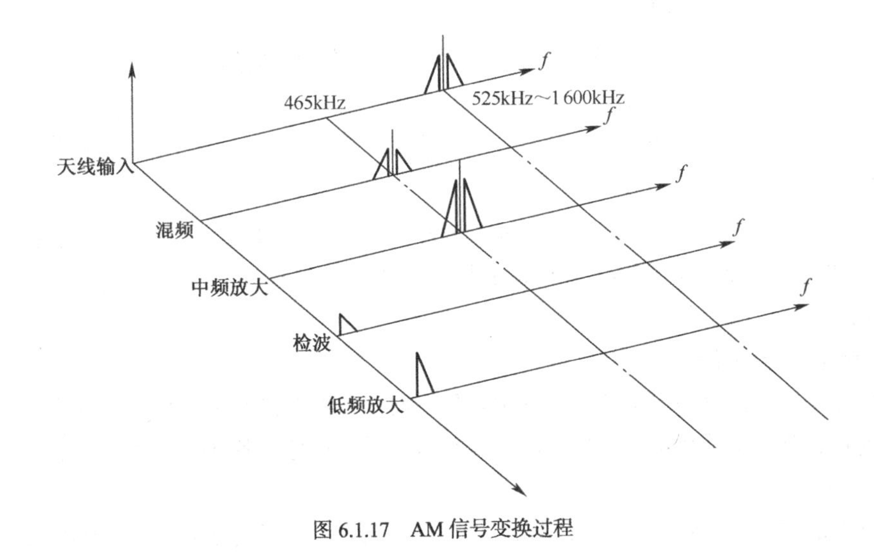

图 6.1.17　AM 信号变换过程

技能训练　AM/FM 收音机电路图解读

1. 训练目标

学会识读较简单电子产品的电路原理图。

2. 训练器材

AM/FM 收音机电原理图。

3. 训练内容

（1）画出 AM/FM 收音机整机方框图。

（2）选择 1～2 个单元电路，说明其电路原理。

任务二　印制板电路图识读和测绘

印制电路图是用于表示导电图形、结构要素、标记符号和技术要求的图样，它反映出元器件实际安装和接线情况，是专门为元器件装配和机器修理服务的技术文件，它与各种电路图有着本质上的不同。印制电路图的主要功能如下。

（1）印制电路图起到电原理图和实际电路板之间的沟通作用，是方便电路维修不可缺少的图纸资料之一。

（2）印制电路图表示了电原理图中各元器件在电路板上的分布状况和具体的位置，给出了各元器件引脚之间连线（铜箔线路）的走向。

（3）通过印制电路图可以方便地在实际电路板上找到电原理图中某个元器件的具体位置，没有印制电路图时，查找就不方便。

基础知识

知识链接 1　印制电路图的种类

印制板电路图必须反映出元器件实际安装和接线情况。按照使用用途的不同，印制板电路图一般有 3 种：一是为制作电路板提供拍照制板的图样，称为布线图；二是为装配人员提供的图样，称装配图；三是为用户维修提供的图样，称为混合图，即它把布线图和装配图重合在一起。

1. 印制电路板布线图

印制电路板的布线图铜箔线路一般有 4 种表示方式：双轮廓线，双轮廓线内涂色（焊孔不涂色），双轮廓线内画剖面线，单线表示（印制导线的宽度小于 1mm 或宽度一致时的表示方法）。4 种表示方式如图 6.2.1 所示。

2. 印制电路板装配图

印制电路板装配图反映出电路原理图中各种元器件和组件在印制电路板上的具体安装位置，各元器件与印制导线的连接情况，以及印制电路板的外形尺寸、各孔径的大小和定位尺寸。

（1）装配图表示方法。

① 装配图上的元器件、组件一般用与其相应的图形和文字符号表示，但也有些元器件和组件用它们的简化外形表示。

② 装配图纸中虚线或色线表示反面铜箔线路走向，一般装配图不画出铜箔线路。

③ 装配图中还有一些技术要求和说明，用以指导元器件、组件的装配和连接。

在图 6.2.2 所示的某印制板电路装配图中，标出了安装孔位置，较复杂的元件采用了简化外形画法。电阻器、电容器、晶体管这些简单的元器件采用了图形符号，从图形符号上可以看出电解电容、晶体管等元器件安装时的极性。

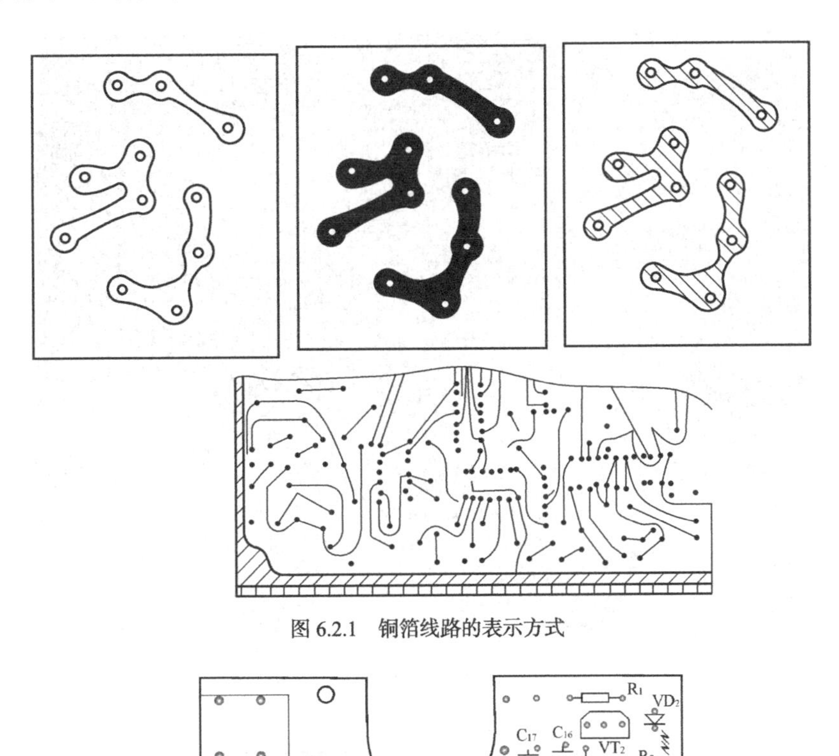

图 6.2.1 铜箔线路的表示方式

图 6.2.2 印制板电路装配图

（2）装配图形式。

① 图纸法。用图纸表示的方式画出各元器件的分布和它们之间的连接情况称为图纸法。由于印制电路图可以拿在手中，在印制电路图中找出某个所要找的元器件相当方便，但是在图上找到元器件后还要用印制电路图到印制电路板上对照后才能找到元器件实物，有两次寻找、对照过程，比较麻烦，另外，图纸容易丢失。

② 直标法。通常，电子产品中大量采用直接标注元器件位号的方式在线路板上标出元器件的实际位置，如图 6.2.3 所示。直标法在线路板某电阻附近标有 R_{11}，这 R_{11} 就是该电阻在电原理图中的编号，同样方法将各种元器件的电路编号直接标注在印制电路板上。

利用直标方式在印制电路板上找到了某元器件编号便找到了该元器件，所以只有一次寻找过程。不过，当电路板较大、有数块电路板或电路板在机壳底部时，寻找就比较困难。

3. 印制电路板混合图

印制电路板混合图实际上是布线图和装配图的统一。通常用两种颜色绘制，一种颜色表示印制板正面（装配图），另一种颜色表示印制板的反面（布线图）。图 6.2.4 所示为印制板电路混合图。

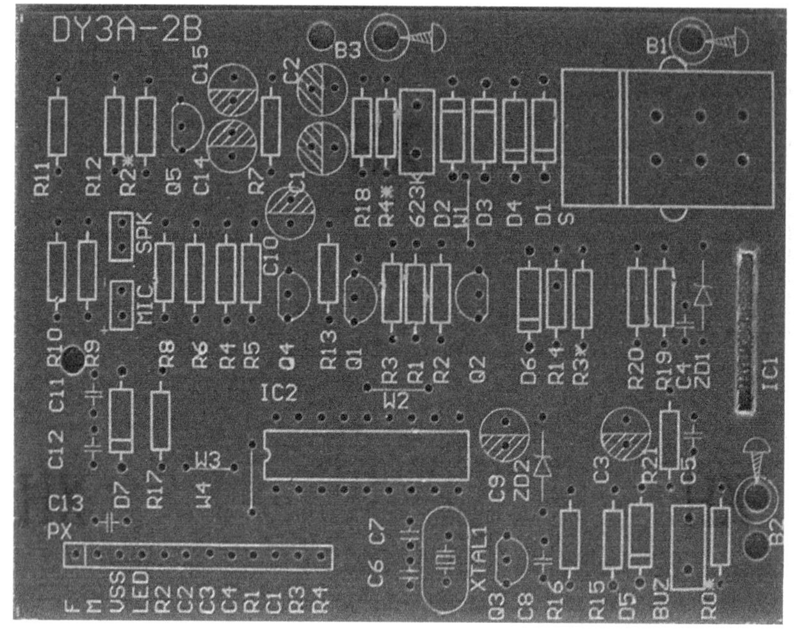

图 6.2.3　印制电路板装配图直标法

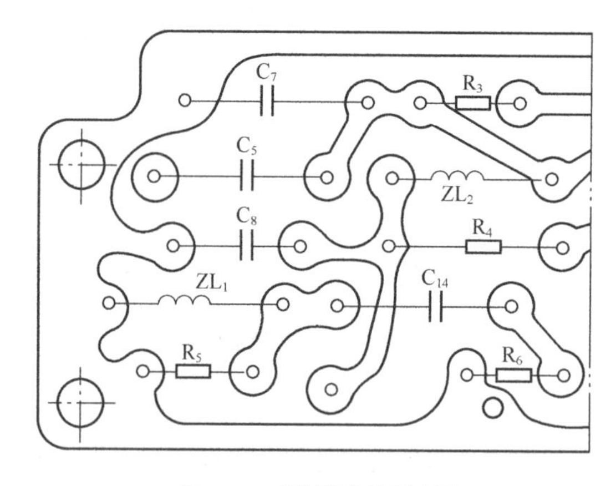

图 6.2.4　印制板电路混合图

知识链接 2  印制电路图的特点

印制电路图具体有下列一些特点。

（1）印制电路图表示元器件时用电路符号，表示各元器件之间的连接关系时不用线条而用铜箔线路，有些铜箔线路之间还用跨接导线线条连接，所以印制电路图看起来很“乱”，这些都影响识图。

（2）从印制电路设计的效果出发，电路板上的元器件排列、分布不像电原理图那么有规律，这给印制电路图的识图带来了诸多不便。

（3）铜箔线路排布、走向比较“乱”，而且经常遇到几条铜箔线路并行排列，给观察铜箔线路的走向造成不便。

（4）印制电路图上画有各种引线，而这些引线的画法没有固定的规律。

操作分析

在实际工作中，你手中往往只有印制板电路图或印制电路板实物，在缺少电原理图的情况下，一般需要根据现有的印制电路图测绘成电原理图。

图 6.2.5 所示为一张印制电路图。显然，印制电路图上的元器件排列、分布不像电路原理图那么有规律，似乎有点“乱”，给电路功能的分析和各元器件作用的判断带来了困难。这时就需要技术人员根据自己长期工作的经验，采用一定的方法和技巧将印制电路图测绘成电原理图。

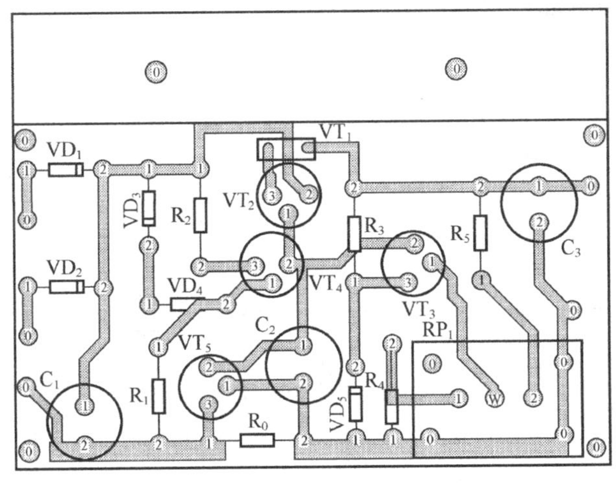

图 6.2.5　印制电路图

根据工作经验，将印制电路图测绘成电原理图一般可以采用以下方法。

操作分析 1  画出电原理图草图

（1）将印制电路图上的所有元器件用其相应的图形符号表示，所用图形符号应符合 GB/T4728 系列标准。例如，电位器 RP_1 在图 6.2.5 中用简化外形的画法，而在绘制电原理图时必须用电位器的图形符号表示。

（2）将印制电路图上的所有印制导线用连接线代替。

（3）将所有焊盘用连接点代替；相交的印制导线处也用连接点代替，如图 6.2.6（a）所示。

（4）画出电原理图的草图。

操作分析 2  绘制出正确的电原理图

对草图进行整理，绘制成规范的便于识读的电原理图。在整理过程中，可以从以下几个方面着手。

（1）根据电路绘制的需要，两个连接点以及它们之间的连线（即连接点之间是导线连接）可以简略用一个连接点表示，如图 6.2.6（a）所示。

（2）根据元器件和单元电路明显特征来查找并整理。例如，容量、体积较大的滤波电容器；

集成电路；带散热片的功率管；4 个二极管组成的整流电路以及变压器等。

在图 6.2.5 中，VD_1～VD_4 这 4 个二极管相互连接，可以判断它们可能是整流电路；又如，图中的 VT_1 上预留了放置散热片的位置，则 VT_1 是调整管；与之相连的 VT_2 和 VT_1 构成了复合管。

（3）寻找地线。地线往往是印制电路板上面积较大的印制导线，如图 6.2.5 中下方第 1 条印制导线地线。

（4）查找输入和输出端。按照信号从左往右的传输方向，输入线一般在印制电路图的左边，输出线一般在印制电路图的右边。

（5）按电路的功能绘制电原理图。绘制时，元器件分布均匀，线条要清晰、挺直。

（6）按照国标规定，给每个元器件或零部件标注相应的文字符号。

最后完成的电原理图如图 6.2.6（b）所示。

（a）电原理图绘制的几种方法

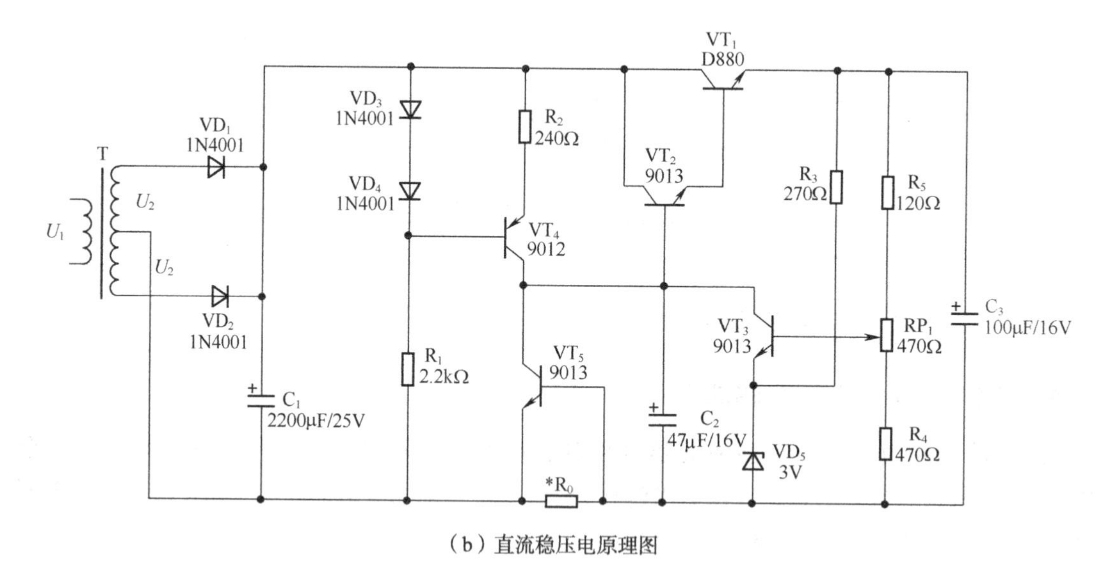

（b）直流稳压电原理图

图 6.2.6　直流稳压电源电原理图绘制

小技巧

- 如果你手中分别是两张印制电路板布线图和印制电路板装配图的话，为了便于观测电路板上元器件和印制电路的连接情况，可以把两张印制电路图完全重叠，然后将重叠的印制板电路图对着光线，这样可以从印制电路板装配图上，透过光线清晰地看到元器件与印制电路的连接情况。
- 如果你手中是印制电路板实物，只要直接将铜箔线路面对着较强光线，一般也可以采用上述方法来测绘印制电路图。

训练评价

1. 训练目标

掌握印制板电路的测绘技能。

2. 训练器材

直流稳压电源印制板电路图或实样。

3. 训练内容

（1）根据所给印制电路板电路图或实样画出相应的电路图。要求图形符号规范，画面整洁、美观，线条清晰。

（2）在电路图中，标出元件的文字符号和参数，要求标注正确。

4. 技能评价

印制电路图测绘技能评价如表 6.2.1 所示。

表 6.2.1　印制电路图测绘技能评价表

<table>
<tr><td>班　级</td><td></td><td>姓名</td><td colspan="2"></td><td>学号</td><td></td><td>得分</td><td></td></tr>
<tr><td>考核时间</td><td></td><td colspan="7">实际时间：　　自　　时　　分起至　　时　　分</td></tr>
<tr><td>项　目</td><td colspan="3">考 核 要 求</td><td>配分</td><td colspan="3">评分标准（累计扣分不超过配分）</td><td>扣分</td></tr>
<tr><td>图形符号</td><td colspan="3">1. 元器件图形符号的画法、文字代号的标注符合 GB4728《电气图用图型符号》标准
2. 元器件参数标注正确</td><td>20 分</td><td colspan="3">1. 图形符号出错，每处扣 2 分
2. 文字符号、参数标注出错，每处扣 2 分</td><td></td></tr>
<tr><td>识　图</td><td colspan="3">1. 图样完整
2. 按印制电路图或实样正确测绘电原理图</td><td>60 分</td><td colspan="3">1. 图样不完整，扣 60 分
2. 绘图出错，每处扣 5～10 分</td><td></td></tr>
<tr><td>布局</td><td colspan="3">1. 元器件排列、布局合理
2. 图面清晰、线条整齐</td><td>20 分</td><td colspan="3">1. 元器件排列布局较差，扣　5 分
2. 元器件排列布局混乱，扣　10 分
3. 图面清晰、线条稍差，扣　5 分</td><td></td></tr>
<tr><td>合计</td><td colspan="3"></td><td>100 分</td><td colspan="3"></td><td></td></tr>
<tr><td colspan="9">教师签名：</td></tr>
</table>

任务三　简单工艺文件识读

基础知识

知识链接 1　　工艺文件的重要性

工艺文件是根据设计文件以书面形式提出的产品加工的具体方法，以实现设计文件的要求。它是指导产品生产过程的技术文件，是企业组织生产、指导产品加工、质量控制和产品经济核算的主要技术依据。

工艺文件的格式很多，一般常用的主要有封面、工艺文件目录、工艺路线表、导线与线扎加工表、配套明细表、装配工艺过程卡、工艺说明以及工艺文件更改通知单。表 6.3.1 所示为某产品整机调试—检验工艺文件封面。

表 6.3.1　　工艺文件封面

××××股份有限公司

工 艺 文 件

共　册

第 4-2 册

共　页

文件编号	
产品型号	×××××
产品名称	×××××××××××
产品图号	××××××
本册内容	整机调试—检验

批准:

年　月　日

××××××××××分公司

××——××

知识链接 2  简单工艺文件识读

1. 配套明细表

表 6.3.2 所示为 WY 6～12V-0.3A 直流稳压电源的元器件配套明细表，它主要在产品配套及领、发料时使用。

表 6.3.2　　WY6～12V-3A 直流稳压电源配套明细表

		配套明细表		装配件名称		装配件图号	
	序号	位　号	名称规格	数　量	来自何处	交往何处	备　注
	1	R_1	电阻器 1.5kΩ	1			
	2	R_2	电阻器 1kΩ	1			
	3	R_3	电阻器 680Ω	1			
	4	R_4	电阻器 820Ω	1			
	5	R_5	电阻器 680Ω	1			
	6	R_6	电阻器 1kΩ				
	7	RP	电位器 1kΩ	1			
	8	C_1～C_4	瓷片电容器 0.01μF	4			
	9	C_5	电解电容器 2 200μF/25V	1			
	10	C_6	电解电容器 100μF/16V	1			
	11	C_7	电解电容器 10μF/16V	1			
	12	C_8	电解电容器 10μF/16V	1			
	13	C_9	电解电容器 220μF/16V	1			
	14	VD_1～VD_4	1N4001	4			
	15	VS	稳压管 3V	1			
使用性	16	ϕ5VL	发光二极管（带座子）	1			
	17	VT_1	BU406（带散热器）	1			
	18	VT_2、VT_3	3DG6	2			
旧底图总号	19	T	电源变压器	1			
	20		电压表	1			
	21	S	电源开关	1			

底图总号	更改标记	数量	文件号	签名	日期	签名		日期	第　页
						拟制			
						审核			共　页
									第　册
									第　页

从上述表中可以看出，WY 6～12V-0.3A 直流稳压电源在组件和整机装配过程中需用的元器件的种类、型号规格和数量。

2. 导线及线扎加工表

导线及线扎加工表为导线及线扎的剪切、剥头、浸锡加工和装配焊接的依据。从中可以反映出导线材料的名称、规格、颜色和数量；导线的开线尺寸及剥头的长度尺寸；导线焊接的去向。

表 6.3.3 所示是 50 型万用表的导线及扎线加工工艺表。

表 6.3.3　导线及扎线加工表示例

	导线及扎线加工表	产品名称	产品图号
		50 型万用表	

序号	编号	名称规格	颜色	数量	长度/mm			去向		工时定额	备注
					全长	A 端	B 端	A 端	B 端		
1	1	连接线	红	1	140	3	3	定子片 24	“+”		
2	2	连接线	橙	1	100	3	3	定子片 25	1.5V 正极		
3	3	连接线	黑	1	60	3	3	定子片 15	定子片 26		
4	4	连接线	黑	1	60	3	3	定子片 24	定子片 27		
5	5	连接线	蓝	1	70	3	3	定子片 20	2K “中”		
6	6	连接线	黑	1	60	3	3	定子片 22	定子片 28		
7	7	连接线	白	1	50	3	3	定子片 21	定子片 29		
8	8	连接线	黑	1	60	3	3	定子片 23	定子片 38		
9	9	连接线	黑	1	30	3	3	定子片 38	“100μA”		
10	10	连接线	白	1	50	3	3	定子片 8	定子片 39		
11	11	连接线	蓝	1	70	3	3	定子片 19	定子片 40		
12	12	连接线	黑	1	60	3	3	定子片 12	定子片 41		
13	13	连接线	橙	1	40	3	3	定子片 22	定子片 42		
14	14	连接线	红	1	35	3	3	定子片 35	定子片 43		
15	15	连接线	红	1	80	3	3	定子片 13	定子片 36		
16	16	连接线	红	1	80	3	3	定子片 14	定子片 34		
17	18	连接线	橙	1	40	3	3	PNP—c	NPN—e		
18	18	连接线	黑	1	120	3	3	定子片 43	“*”		
19	19	连接线	橙	1	100	3	3	2K “下”	1K 左		
20	20	连接线	黑	1	100	3	3	“+”	1.5V 正极		
21	21	连接线	黑	1	30	3	3	PNP—c	“+”		
22	22	连接线	白	1	50	3	3	PNP—e	“*”		
23		镀锡铜丝		1	8	3	3	定子片 1	定子片 18		

底图总号	更改标记	数量	文件号	签名	日期	签名	日期	第　页
						拟制		
						审核		共　页
								第　册 第　页

3. 装配工艺过程卡

装配工艺过程卡反映装配工艺的全过程，供机械装配和电气装配使用。表 6.3.4、表 6.3.5 所示为收音机装配工艺过程卡。

表 6.3.4　　　　负极簧装配工艺过程卡示例

						负极簧组件		
装入件及辅助材料			车间	工序号	工种	工序（步）内容及要求	设备及工装	工艺工时定额
序号	代号、名称、规格	数量						
1	负极簧					把导线焊在负极簧尾端 6mm 左右处，导线焊接部分应与弹簧平行	电烙铁	
2	导线（黑）120mm（1-4）					把 120mm 红线焊在 B 点端处		
3	松香芯焊锡丝					工艺要求： 1. 导线必须焊牢 2. 焊点应光亮无毛刺		

使用性

旧底图总号

图示：

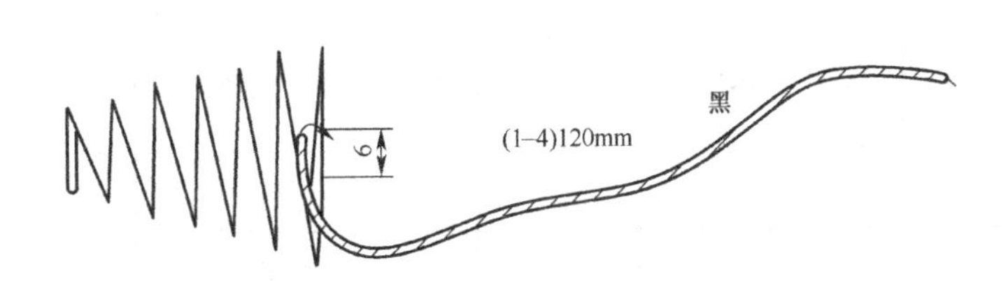

底图总号	更改标记	数量	文件号	签名	日期	签名		日期	第　页	共　页
日期 签名						拟制				
						审核			第　册	第　页
						标准化			上海浦东申光电子电器厂	
									电话/传真：021-58590259	

表 6.3.5　　正极簧装配工艺过程卡示例

						正极簧组件		
装入件及辅助材料			车间	工序号	工种	工序（步）内容及要求	设备及工装	工艺工时定额
序号	代号、名称、规格	数量						
1	正极簧	1				把导线焊在正极片凸面中间处，焊接导线方向与开口处一致	电烙铁	
2	导线（红）120mm	1				把120mm红线焊在B点端处		
3	松香芯焊锡丝					工艺要求：焊点光亮应无毛刺，导线必须焊牢		

图示：

A　A

A—A

B点　1-2 红120mm

使用性

旧底图总号

底图总号	更改标记	数量	文件号	签名	日期	签名	日期	第　页	共　页
日期 / 签名						拟制			
						审核		第　册	第　页
						标准化		上海浦东申光电子电器厂	
								电话/传真：021-58590259	

从表6.3.5中可以看出负极簧、正极片组件的代号、名称、规格及数量；各道工序装配工艺加工的内容和要求。有些装配工艺过程卡的空白处还绘制了加工装配工序图。

4. 工艺说明及简图识读

工艺说明及简图用来说明在其他格式难以表达、重要和复杂的工艺，也可以作为任何一种工艺过程的续卡进行补充说明。表6.3.6所示为LT3218G4L组件工艺说明及简图。

表 6.3.6　　　　LT3218G4L 组件工艺说明及简图

	SSD	工艺说明	产品型号名称	产品图号
			LT3218G4L	2025381
			部整件名称	文件号、图号
			检　验	

	5.2 将高压试验器与被测点连接。
使用性	5.3 耐压绝缘仪探头与高压试验器金属部位可靠连接，按启动按钮，目测高压测试仪绝缘表指针上绝缘电阻应≥4.5MΩ，3s 后回到∞；耐压表指针上电压应在 1 500V。
旧底图总号	3s 后回到 0V，测试仪上绿灯亮，表示测试过程结束，合格，按复位按钮。

注：操作过程中测试仪上红灯亮鸣报警音，则判为故障机，按正常流程退机，并随即将此情况告知现场工艺做进一步分析。

5.4 用地线与被测部位短路，以放去残留电荷。

5.5 拔下高压试验器。

合格机盖上检验章转下道工序，故障机做记录后贴上故障纸转修理。

6. 注意事项

6.1 操作者必须在绝缘橡皮垫上工作，单手操作。

6.2 测试中，手不准随意与其他金属物品相碰。

7. 测试接线图

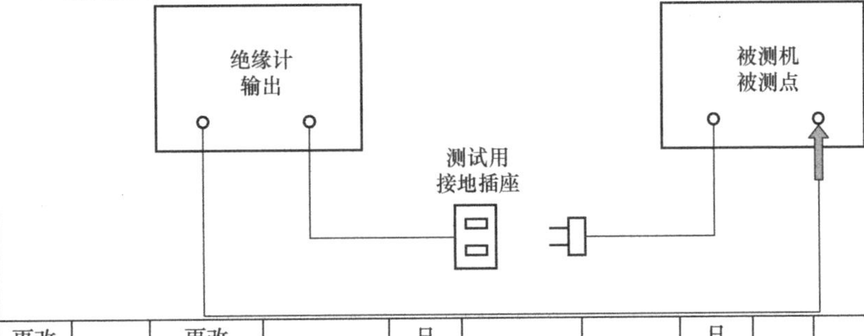

底图总号	更改标记	数量	更改单号	签名	日期		签名	日期		第　2　页
						拟制				
日　期						审核				
签　名						标准化				共 4-2 册　16 页

项目小结 

（1）在电子工程技术中，用某种符号把自己要做事情的内容传达给对方，而工程技术人员不需要语言都能理解其内容，这就是电路符号。用电路符号画的图可以说是技术人员的“语言”。

标准化的图形符号是电子工程技术的通用“语言”。

（2）电路符号包括图形符号、文字符号、元器件标称值等，它们是构成电子电原理图的基本要素。

（3）绘制和阅读电原理图、印制电路图是电子产品装配工人必须掌握的一项重要技能。

（4）电路图的种类有方框图、电路原理图、集成电路应用电路图、印制电路图等。

（5）电原理图是一种用标准的图形符号、文字符号等绘制的表明电子产品功能的简化电路图。

电路分析一般过程是：判断电路类型和功能→直流分析→交流分析→元器件作用分析。

（6）印制电路板按用途不同，有布线图、装配图和混合图 3 种形式。

思考与练习

一、填空题

1. 常见电路图有________、________、________、________等。
2. ________、________、________等是构成电原理图的基本要素。
3. 电路分析的过程一般是________、________以及________。

二、简答题

1. 举例说明限定符号的作用。
2. 文字符号在电路中有哪些作用？
3. 简述工艺文件的作用。常见工艺文件的格式有几种？

项目七

简单电子产品装配实例

现在我们可以开始试着装配简单电子整机产品了，相信在你的努力下，一台台功能各异的电子产品将从你的手中产生。

知识目标

◉ 了解直流稳压电源框图原理。

◉ 了解指针式万用表框图原理。

◉ 了解收音机的框图原理。

技能目标

◉ 按配套工艺图正确完成串联型直流稳压电源的组装。

◉ 按配套工艺图正确完成万用表的组装。

◉ 按配套工艺图正确完成 AM/FM 收音机的组装。

任务一　直流稳压电源

电子整机产品通常都需要直流电源供电，当然，在小功率的情况下，也可以用电池作为直流电源，但在大量的电子设备中，直流电源还是利用市电（交流电源）转换而得。当你在学校电子实验室做实验时，是否发现直流稳压电源是你工作台上离不开的一台仪器？你又是否知道，有了直流稳压电源，你家中的不少电器设备才能正常工作，你的生活才变得更方便、更丰富多彩，如图 7.1.1 所示。

图 7.1.1　直流稳压电源在家中

既然在学习和生活中少不了直流稳压电源，现在就让我们学习装配直流稳压电源吧。

基础知识

知识链接 1  稳压电源概述

WY 6～12V-0.3A 是一台由典型电路构成的可调式低压直流稳压电源。其输出直流电压可调范围为 6V～12V，最大输出电流为 300mA。现以此为例，解读直流稳压电源电路。

知识链接 2  直流稳压电源电路解读

1. 直流稳压电源的组成

直流稳压电源（DC Regulated Power Supply）一般由电源变压器、整流电路、滤波电路、稳压电路等组成，其组成框图如图 7.1.2 所示。

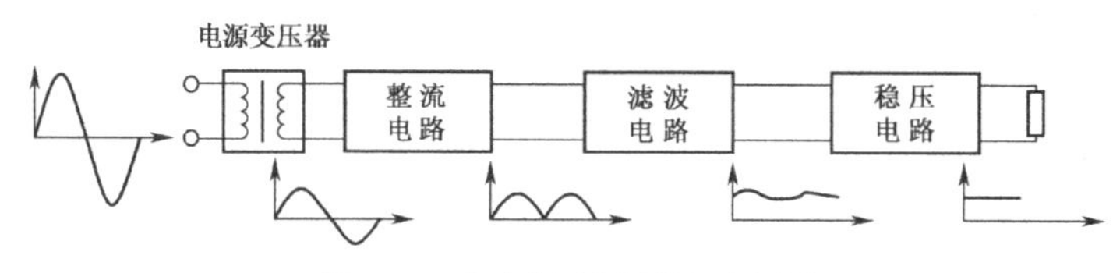

图 7.1.2　直流稳压电源的组成框图

（1）电源变压器。把交流电网 220V 电压变换成所需的交流电压。

（2）整流。将正负交替变化的交流电压变换成单向脉动直流电压。

（3）滤波。滤除单向脉动直流电压中的脉动成分（纹波），得到比较平滑的直流电压。

（4）稳压。当电网电压的波动以及负载、温度的变化使输出电压变化时，通过稳压使输出直流电压保持稳定。

2. 电路分析

图 7.1.3 所示为直流稳压电源的电原理图，其各单元电路的作用如表 7.1.1 所示。

表 7.1.1　直流稳压电源电路解说

电路名称	电路图	解说
整流电路	二极管保护电容	VD_1～VD_4：构成桥式整流电路 C_1～C_4：开机时保护整流二极管并对高频干扰进行滤波
交直流保险丝	0.1A 0.3A	0.1A 保险丝保护电源变压器在内的元器件 0.3A 保险丝保护除变压器之外的元器件
基准电压电路	基准电压至 VT_3 射极 R_3 VS	R_3、VS 构成稳压二极管电路，在 VS 的两端得到一个稳定的直流电压，作为比较放大器发射极的基准电压

续表

电路名称	电路图	解说
取样电路	至比较放大基极 R_4 RP R_5	R_4、RP 和 R_5 构成分压式电路，取出输出电压中的纹波量，送入比较放大器基极
比较放大	至调整管 R_2 VT_3 RP VS	VT_3 为比较放大管，将两个直流电压大小进行比较，误差放大后送到调整管 VT_2
调整管电路	VT_1 VT_2 R_4	VT_1、VT_2 构成复合调整管电路，调整直流输出电压大小 由于该电路与负载串连，这种稳压电路称为串联稳压

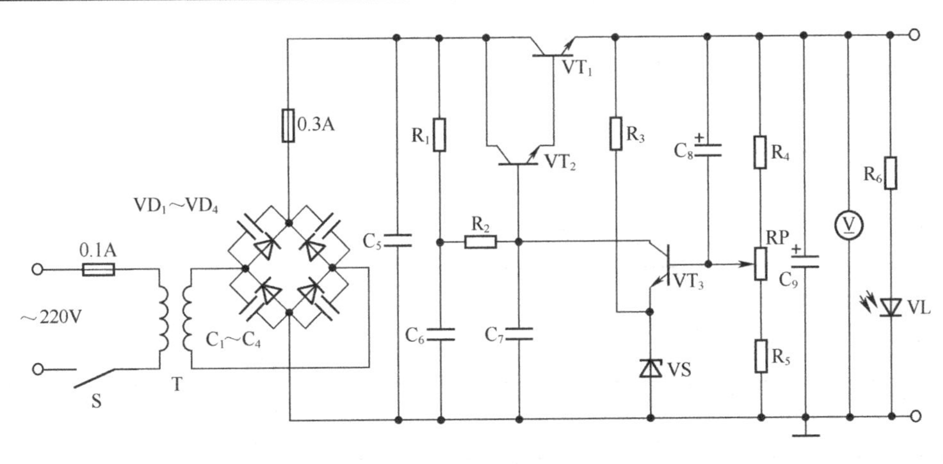

图 7.1.3　WY 6～12V-0.3A 直流稳压电源的电原理图

操作分析

操作分析 1　稳压电源的装配准备工序

（1）熟悉工艺图纸，检查工具，并按材料清单清点各种材料。

（2）用万用表仔细检测所有元器件和线路板，并按安装工艺要求对元器件引脚进行成型等加工处理。

操作分析 2  元器件的插装和焊接

（1）元器件的安装要平整、妥贴，不能歪斜，要高低有序。

（2）所有插入焊盘的元器件引线及导线均采用直脚焊，焊点要求圆滑，防止虚焊、搭焊。

操作分析 3  组件加工安装

WY 6～12V-0.3A 组件加工安装的项目较多，有保险丝、电压表、接线柱、开关、调节电位器、指示灯等。

在安装加工前，应先按工艺文件清单检查和复核材料的型号、规格、数量以及质量是否符合工艺要求。

表 7.1.2 所示为接线柱、保险丝组件材料明细表。

表 7.1.2　　接线柱、保险丝组件材料明细表

装入件和辅助材料			
序　号	名　称	零部件号	数　量
1	塑料旋钮 M3 螺钉及部件	1010-1B 右（红）	1
2	塑料旋钮 M3 螺钉及部件	1010-2B 左（黑）	1
3	塑料支架	1010-3B 右	1
4	塑料支架	1010-4B 左	1
5	下机壳	1010-5B	1
6	塑料垫圈	1010-6B 右	1
7	塑料垫圈	1010-7B 左	1
8	ϕ3 垫圈	1010-8B 右	1
9	ϕ3 垫圈	1010-9B 左	1
10	M3 螺母	1010-10B 右	1
11	M3 螺母	1010-11B 左	1
12	ϕ3 焊片	1010-12B 右	1
13	ϕ3 焊片	1010-13B 左	1
14	M3 螺帽	1010-14B 右	1
15	M3 螺帽	1010-15B 左	1
16	M12×1 螺帽	1010-16B 右	1
17	M12×1 螺帽	1010-17B 左	1
18	ϕ12 塑料垫圈	1010-18B 右	1
19	ϕ12 塑料垫圈	1010-19B 左	1
20	ϕ12 塑料垫圈	1010-20B 右	1
21	ϕ12 塑料垫圈	1010-21B 左	1
22	保险丝座	1010-22B 右	1
23	保险丝座	1010-23B 左	1
24	保险丝 0.1A	1010-24B 右	1
25	保险丝 0.3A	1010-25B 左	1
26	带嵌件螺丝帽	1010-26B 右	1
27	带嵌件螺丝帽	1010-27B 左	1

1. 接线柱加工安装

（1）按图 7.1.6（a）所示先将 4 根导线钩焊在接线柱焊片上。

（2）选用合适的工具，按图 7.1.4 所示分别组装“+”（红）、“–”（黑）两个接线柱。

（3）接线柱在面板上的位置如图 7.1.6（a）所示。

接线柱应注意与外壳之间的绝缘。

2. 保险丝加工

（1）按图 7.1.6（b）所示先将 4 根导线钩焊在保险丝座的焊片上。

（2）选用合适的工具，按图 7.1.5 所示分别组装 0.3A、0.1A 两个保险丝。

（3）保险丝在后面板上的位置如图 7.1.6（b）所示。

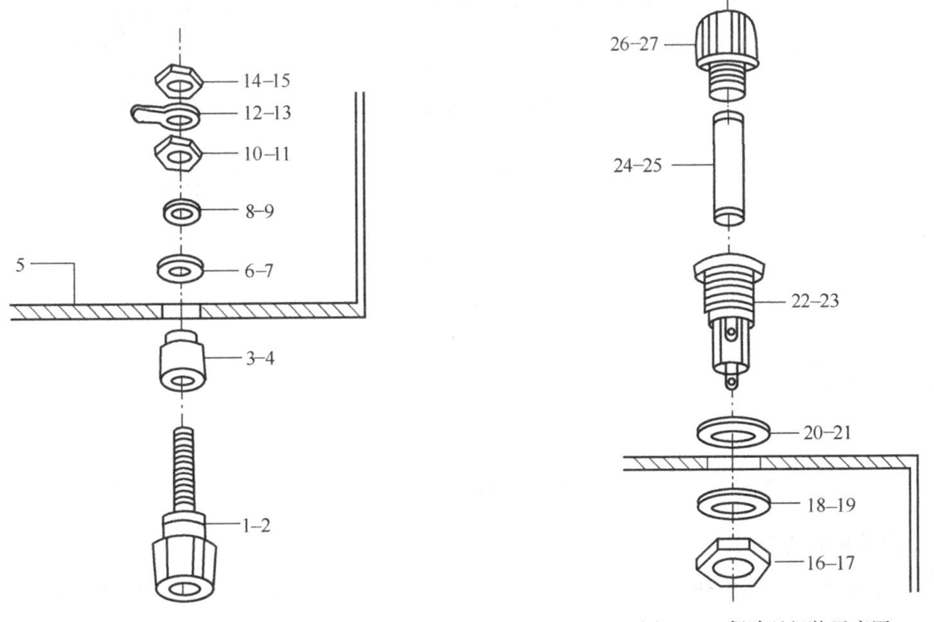

图 7.1.4　接线柱组装示意图　　图 7.1.5　保险丝组装示意图

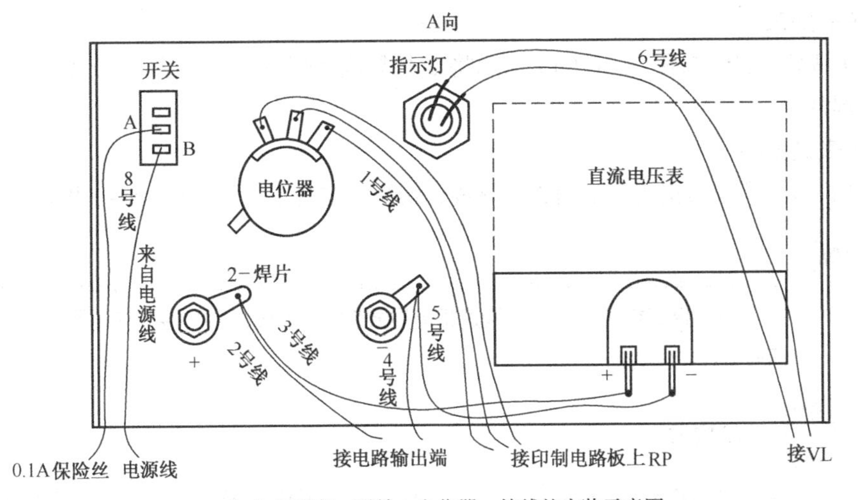

（a）电压表、开关、电位器、接线柱安装示意图

（b）保险丝、电源线安装示意图

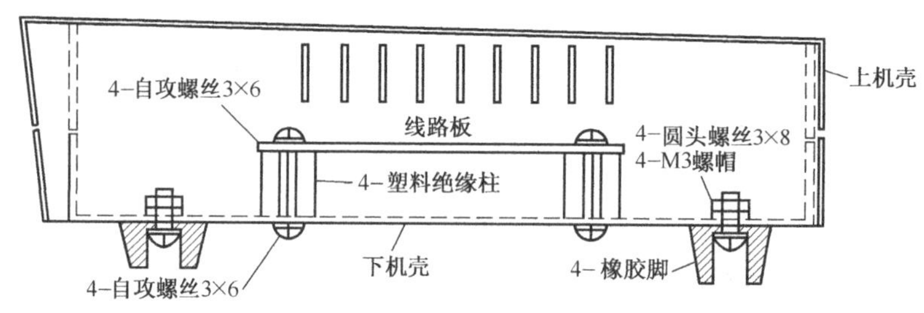

（c）机壳安装示意图

图 7.1.6　整机安装示意图

注意

由于变压器初级回路电流小于次级线圈电流，所以初级线圈中的保险丝电流小于次级线圈中的电流。安装保险丝时，不同电流的保险丝安装位置不能搞错。

3. 调节电位器加工

先将开关固定，然后按图 7.1.6（a）所示将 3 根导线绕焊在电位器上，要求焊片上的焊锡应适量，以防焊锡过多。

4. 开关的加工

先将开关固定，然后按图 7.1.6（a）所示将 2 根导线绕焊在开关的焊片上，焊接中防止焊锡滴流入开关焊片中。

5. 电压表的安装

按图 7.1.6（a）所示将接线柱上的 2 根导线分别搭焊在电压表的（+）、(–）极。

注意

“+”接线柱（红）上导线连接电压表的（+）极，“–”接线柱（黑）上导线连接电压表的（–）极。

操作分析 4　整机安装

加工后的元器件、零部件只有通过总装，才能成为电子整机产品。总装时，要避免损坏机壳、元器件和组件，不能破坏整机的绝缘性能。

（1）按图 7.1.6（a）所示正确安装调节电位器、电压表、开关等组件。

（2）220V 交流电源线的安装一定要按规定进行，以保证人身和设备的安全。

（3）完成导线在印制电路板上的焊接。

（4）按图 7.1.6（c）所示，选用适当的工具先将橡皮脚安装在下机壳上，然后将印制电路板固定在下机壳上，最后上、下机壳合拢。

操作分析 5 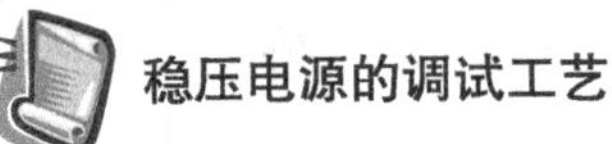 稳压电源的调试工艺

总装完毕后，须经过检查、调试和测试，才能使各项指标完全符合要求。

1. 通电前的检查

在稳压电源装配完毕未通电之前，应对整个安装情况进行一次检查，主要检查以下几点。

（1）检查电路接线是否正确，是否有错线、少线、多线。

（2）检查焊点是否牢固，有无漏焊、虚焊和错焊；尤其对于靠得很近的相邻焊点，要注意有无金属毛刺短连，必要时可用万用表测量一下是否短路。

（3）检查元器件安装是否正确，尤其需要注意的是晶体管的型号、二极管和稳压管的极性、电容器的耐压和极性安装是否正确。

（4）检查 220V 交流电源线安装是否正确。

2. 调试

（1）空载测试。

① 通电调试前，必须将电源开关置于“断”的位置，再插上交流电源插头。

② 将电压调节电位器旋到中间位置，然后打开电源开关，观察电压表读数，指针在 6V～12V 为正常。否则，即刻切断电源进行检查。

③ 分别向两端持续调节电压电位器，此时电压表的读数应平滑地在 6V～12V 变化。

④ 再把电压表的读数调到 9V 位置，用万用表（或其他直流电压表）的相应直流电压挡位测量其电压值和输出电压的正负极性是否正确。

（2）有载测试。上述调试完成后，将功率大于 3W、阻值为30Ω的电阻性负载接于稳压电源的输出端，并观察其输出电压的变化值。

（3）在以上调试步骤中，如果发现元器件发热过快、冒烟、打火花等异常情况，应先切断电源，仔细检查并排除故障后，才可继续通电调试。

在调试过程中，切勿直接接触 220V 交流电源以及有可能使其短路的行为，以确保人身安全。

训练评价

1. 训练目标

通过直流稳压电源的制作，熟悉简单电子产品的整机装配工艺流程，学会电路的简单检测方法和技巧。

2. 训练器材

（1）手工焊接工具 1 套。

（2）万用表。

（3）焊料若干，WY6～12V-0.3A 直流稳压电源材料套件 1 套。

3. 训练内容和步骤

（1）用万用表检测所有元器件的好坏。

（2）按工艺图纸要求完成 WY6～12V-0.3A 直流稳压电源的焊接与装配。

（3）通电测试，将测量数据填入表 7.1.3 中。

表 7.1.3　　测量数据记录表

测试点 / 条件	变压器次级电压 U_2	U_A	U_{VS}	U_{CE}	U_B	U_{C5}	输出电压 U_L
不接 R_L、调 U_L=9V							
接入 R_L 后							

4. 技能评价

直流稳压电源考核评价如表 7.1.4 所示。

表 7.1.4　　直流稳压电源考核评价表

<table>
<tr><td>班　级</td><td></td><td>姓名</td><td></td><td>学号</td><td></td><td>得分</td><td></td></tr>
<tr><td>考核时间</td><td>180min</td><td colspan="6">实际时间：　　自　　时　　分起至　　时　　分</td></tr>
<tr><td>项　目</td><td colspan="2">考 核 内 容</td><td>配分</td><td colspan="3">评 分 标 准</td><td>扣分</td></tr>
<tr><td>元器件成型及插装</td><td colspan="2">1. 正确使用常用工量具
2. 按导线加工表对导线加工
3. 按元件工艺表对元器件引线成型</td><td>20 分</td><td colspan="3">1. 常用工量具使用不正确，扣 5 分
2. 元器件引线、导线加工不符合工艺要求，每个扣 1～3 分</td><td></td></tr>
<tr><td>印制电路板焊接</td><td colspan="2">1. 元器件插装其高度尺寸、标志方向符合规定工艺要求
2. 无错装、漏装现象
3. 焊接点大小均匀、有光泽、无毛刺、无假焊搭焊现象
4. 印制导线不能断裂，焊盘不能翘起</td><td>30 分</td><td colspan="3">1. 元器件插装不符合工艺要求，每个扣 1～3 分
2. 焊点不符合要求，每点扣 2～4 分
3. 印制导线断裂、焊盘翘起，每处扣 5 分</td><td></td></tr>
<tr><td>装配</td><td colspan="2">1. 机械和电气连接正确
2. 零部件装配完整，不能错装和缺装
3. 紧固件规格、型号选用正确
4. 不损伤导线、塑料件、外壳</td><td>20 分</td><td colspan="3">1. 不能正确使用装配工具，扣 5～8 分
2. 严重损伤整机外壳，损伤导线，扣 10 分</td><td></td></tr>
<tr><td>调试</td><td colspan="2">1. 电源输出端接 30Ω假负载，使输出电压 8V～12V 可连续调节
2. 正确测量指定三极管的直流电压</td><td>20 分</td><td colspan="3">1. 不会使用万用表，扣 10 分
2. 测量方法不正确，扣 5～10 分
3. 输出电压不正常，扣 10 分</td><td></td></tr>
<tr><td>安全文明操作</td><td colspan="2">能遵守安全文明操作规定</td><td>10 分</td><td colspan="3">违反操作规程，酌情扣 5～10 分</td><td></td></tr>
<tr><td>合计</td><td colspan="2"></td><td>100 分</td><td colspan="3"></td><td></td></tr>
<tr><td colspan="8">教师签名：</td></tr>
</table>

任务二　指针式万用表的装配

能够拥有一块较为理想的万用表，是每一个电子爱好者和工作者的愿望。那么如何选择万用表呢？一般原则是：万用表的精度高（即电压挡的内阻较高、电流挡的内阻低）；测量种类多；量程大；工作频率范围较宽；表盘刻度清晰美观；操作简便；携带方便；有过载保护等。本任务是装接一块结构简单、体积较小、测量灵敏较高、测量种类较多的万用表。首先我们来介绍 MF50 型指针式万用表原理。

基础知识

知识链接 1 指针式万用表的测量原理简介

MF50 型万用表是一种结构简单、体积较小、测量灵敏度较高的万用表，可直接测量直流电压、交流电压、直流电流、电阻阻值及三极管的β 值（PNP、NPN 均可测量）。

MF50 型万用表由测量机构、测量电路和转换开关 3 部分组成，测量机构由一个微安级的电流表作测量仪表，电阻元件构成了测量电路，其测量过程如图 7.2.1 所示。

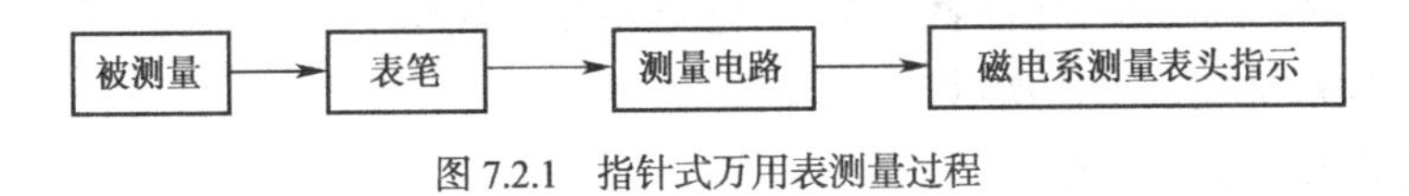

图 7.2.1 指针式万用表测量过程

当被测电量通过表笔进入仪表中，经过电阻串、并联组成的测量电路将被测量转换成直流电流，最后由磁电系测量表头指示。

知识链接 2  MF50 型万用表的测量功能

1. 直流电流的测量

图 7.2.2 所示为直流电流测量原理图。在表头两端并联分流电阻可以将电流表改装成直流毫安表或安培表。当电流 I 从“+”端流入时经各分流电阻分流，流经表头的电流 I_i≤表头电流灵敏度 I_g，R_i 为表头内阻 1 000Ω线绕电位器，R_1～R_3 分别为 2.5mA、25mA、250mA 各挡限流电阻。

2. 直流电压的测量

直流电压测量原理图如图 7.2.3 所示。在表头上串联分压电阻可以将电流表改装成伏特表。R_g 为在电流表上并联的几个电阻等效电阻，表头正极串联的电阻分别为 2.5V、10V、50V、250V 和 1 000V 各挡分压电阻。开关控制分压电阻可以测量几个不同量程的电压。

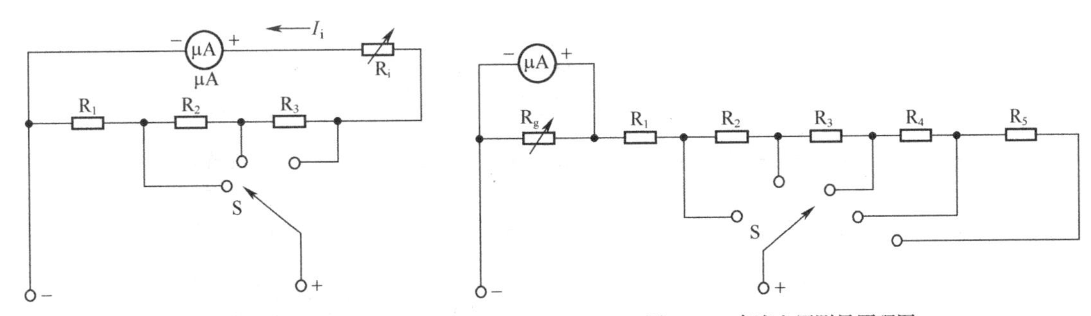

图 7.2.2 直流电流测量原理图

图 7.2.3 直流电压测量原理图

3. 交流电压的测量

图 7.2.4 所示为测量交流电压的电原理图。要具有多挡交流电压测量功能，除了在表头上串联分压电阻扩展量程外，还要有整流电路。由于二极管的单向导电性能，在交流电压正半周 VD_1 导通，VD_2 不导通，电流由 VD_1 流向表头；在交流电压负半周 VD_2 导通，VD_1 不导通，电流由 VD_2 从“+”端直接流出。

4. 电阻的测量

万用表电阻挡与其他电路不同之处在于表头串联了电池和限流电阻 R_s。被测电阻器 R_x 接入后，根据欧姆定律，表头流过的电流为

$$I = \frac{E}{R_o + R_x}$$

式中，R_o 为万用表内阻。I 随着 R_x 变化而变化，且 R_x 越大，电流 I 越小。因此，电阻挡的刻度读数应从右向左逐渐增大，与电压、电流的刻度读数方法恰好相反。当 R_x=0 时电流达到满刻度指针为零。用开关分别控制不同的限流电阻就可以将测量电阻分成不同的挡位。电阻的测量原理如图 7.2.5 所示。

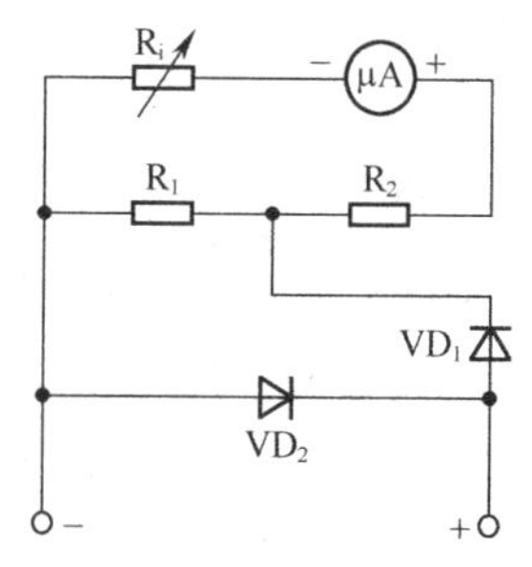

图 7.2.4　交流电压的测量原理图

5. 三极管放大倍数的测量

万用表测量三极管放大倍数的方法是：根据三极管的放大原理，在三极管的 b、c 极之间接入电阻器 R，测量原理图如图 7.2.6 所示。

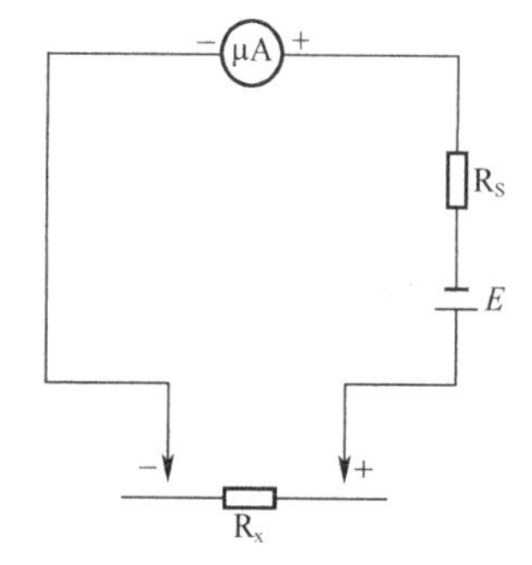

图 7.2.5　电阻的测量原理

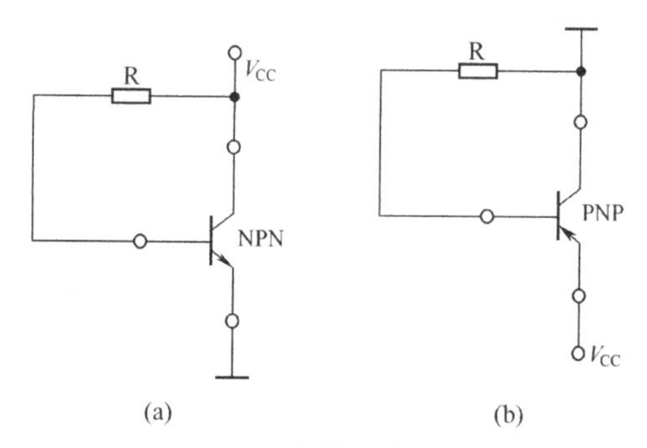

图 7.2.6　三极管放大倍数的测量

MF50 型万用表原理图如图 7.2.7 所示。

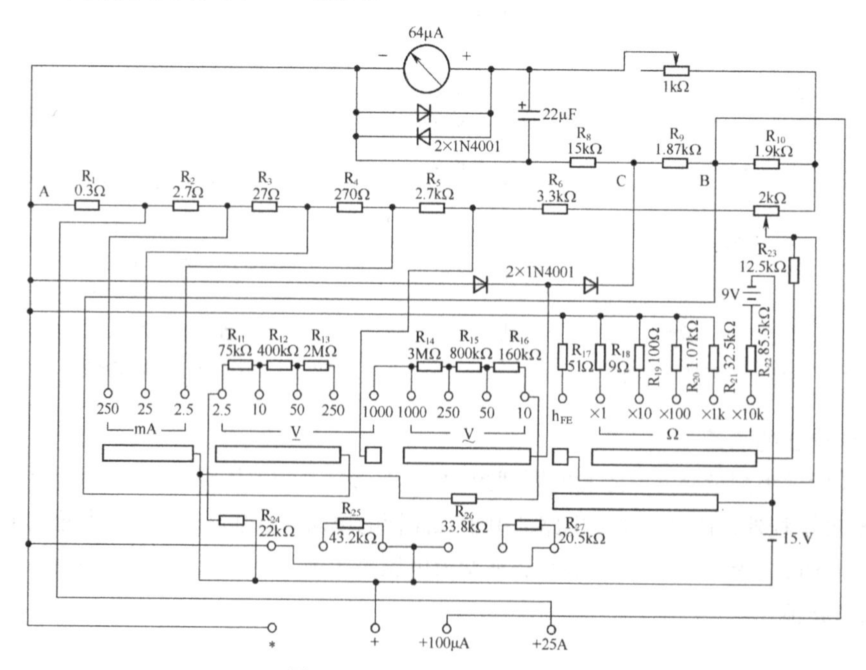

图 7.2.7　MF50 型万用表原理图

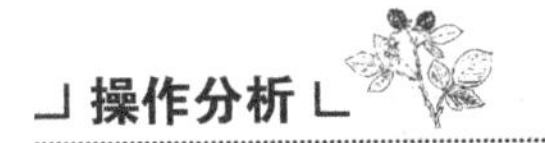

操作分析

操作分析 1 准备工序

在组装一台仪器时，首先应从熟悉电原理图、元器件装配图、元器件明细表、仪器连线图、导线明细表等工艺文件着手，并对各种元器件、零部件等进行加工处理。

（1）根据元器件明细表，检查元器件和零部件配套是否齐全。

（2）检查万用表外壳是否有损坏，表盘上指针有无弯曲，外壳上的螺孔有无损坏。

（3）用纸将表盖处遮住，然后用胶带封好以免在装配过程中损坏表盖。

（4）用螺丝刀将万用表套件的后盖螺丝旋下，打开后盖。

（5）用尖嘴钳旋开定子片上的六角螺母将其取下，同时取下垫圈、转子绝缘片和小垫圈。

（6）用螺丝刀旋下 3 只盘头螺丝，同时取下 3 只垫圈和定子片。

（7）将定子片取出，其余放在万用表外壳的固定位置。

操作分析 2 元器件焊接

所有的电阻器采用钩焊。

（1）根据元器件装配图（见图 7.2.8）和元器件明细表，将定子片按图放置，从左边交流电压挡开始，先将 21 号电阻器弯成型，如图 7.2.9 所示（注意色环电阻器的阻值环在上，误差环在下）插装在定子片上，然后焊接下面一个焊点，另一个不要焊。

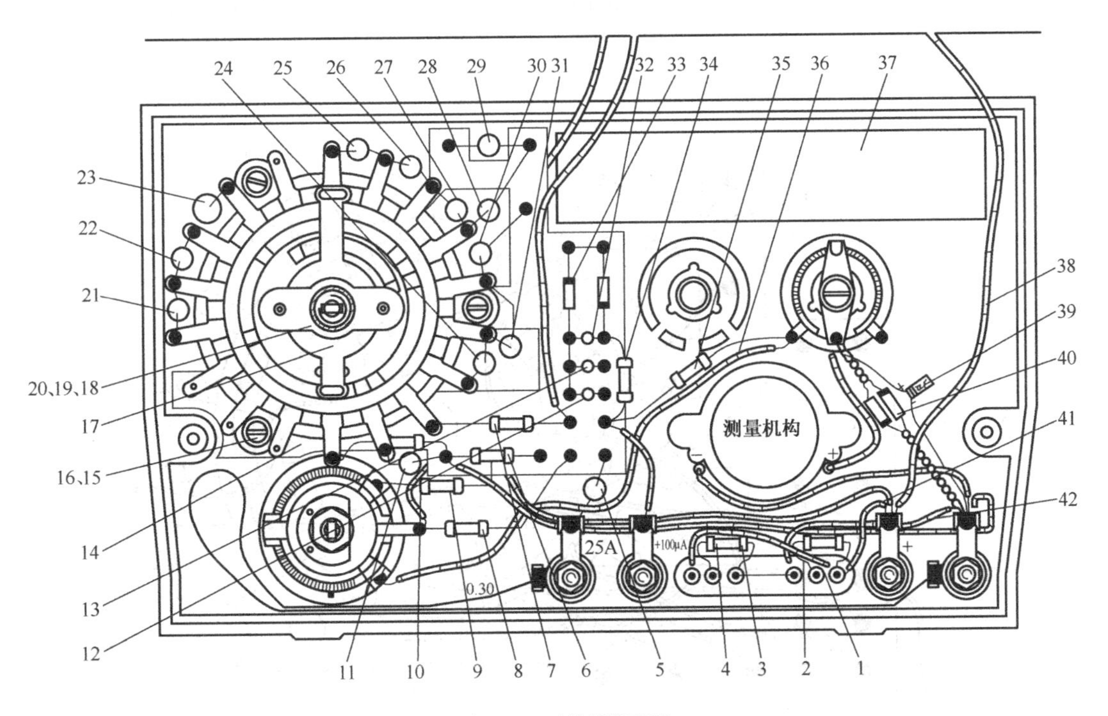

图 7.2.8 元器件装配图

（2）再将 22 号电阻器同样弯成型插装在定子片上焊接，然后将 23 号电阻器成型后插装在定子片上并焊接。

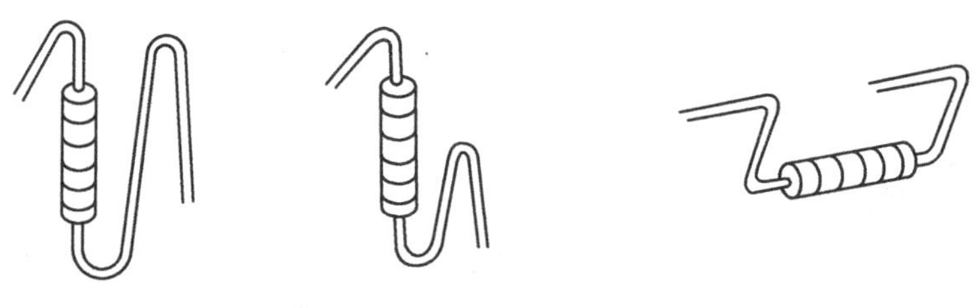

图 7.2.9 电阻器成型图

（3）插装焊接直流电压挡电阻。按照元器件装配图和元器件明细表依次将 25、26、27、28 和 29 号电阻器弯成型，然后插在定子片上，依次焊接。注意 26 号与 27 号电阻器之间应先剪短引线再进行插装焊接。

（4）插装焊接直流电流挡电阻。按照元器件装配图和元器件明细表依次将 30、31、24 号电阻器弯成型，然后插在定子片上，依次焊接。

（5）按照元器件装配图和元器件明细表依次焊接整流二极管和电阻测量挡的电阻。注意，在二极管的一端有一根短接线要先插入再一起焊接。

（6）根据元器件装配图和元器件明细表，再从右边的孔依次焊接整流二极管及各种电阻器。焊接时，35、5、8 和 9 号电阻器各留一根引线在外备用（不要剪短）。

操作分析 3  **导线焊接**

（1）将焊接好电阻器的定子片翻转过来，根据导线接线图（见图 7.2.10）和导线接线表，依次焊接 1～19 号的导线（注意导线必须两头剥头搪锡才能焊接）。然后将焊接好的定子片放在规定位置。

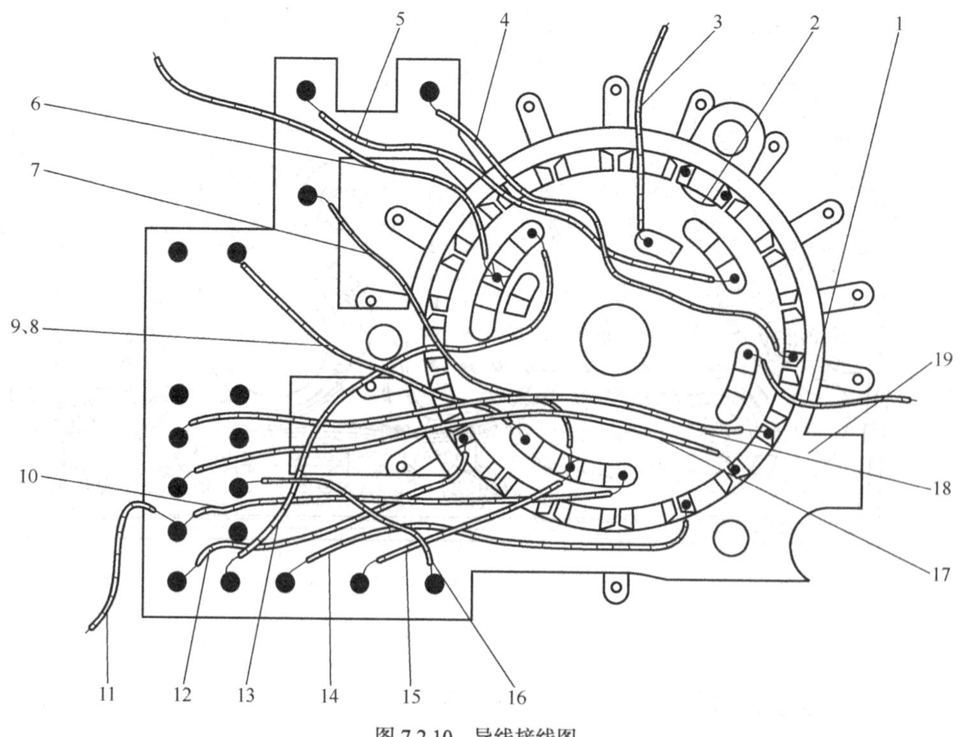

图 7.2.10 导线接线图

（2）再将万用表表壳打开，先装上后盖上的电池夹，然后将一根导线（黑色）焊在1.5V负端，将9V电池纽扣的两根导线黑色的接在1.5V的正端，另一根红色的待用，如图7.2.11所示。

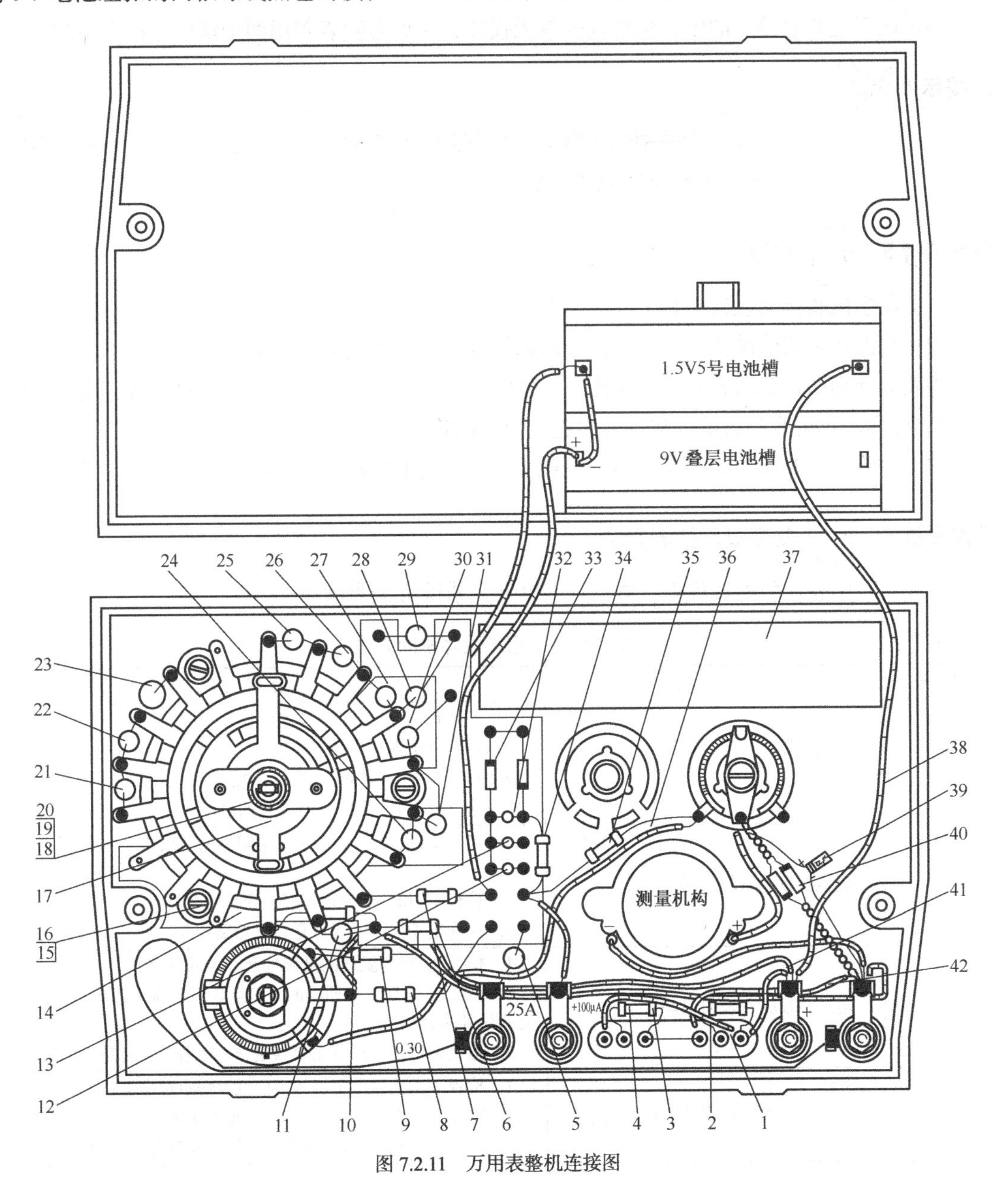

图7.2.11　万用表整机连接图

注意

焊导线时不要将焊锡流入定子片上两焊片之间的夹孔中，否则会产生短路现象。

操作分析4　总装

（1）图7.2.11所示为万用表整机连接图，按图中所示，依次焊接两只二极管、电容器及两只电阻器（测量三极管放大倍数用）。

（2）按图 7.2.11 所示，先装定子片，再装上转子（注意转子方向），然后再旋上 3 个螺丝和一个螺母。连接各点的导线和各个电阻器，最后将后盖上的导线与整机连接在一起。

（3）取下盖在表盖上的纸，检查表壳有无损坏，将后盖同表盖用两个螺丝连接在一起。

提示

在焊接定子片时，请将表壳和表盖及所有的螺丝都放置在固定位置，不要随意乱放，以免烫坏表壳、表盖或遗失螺丝。

操作分析 5　检验

（1）在整机装接无误后，装上电池通电。

（2）在无专用调试设备的情况下，可以采用以下简易检测方法。

将表笔分别插在万用表的正负插孔中，另取一只合格的成品表，按照检验线路连接图（见图 7.2.12）接线，再按照两表的读数参考表进行简单的检验。

（3）检验结果如有大的差异，则应检查相应挡位的电阻器有无漏焊、虚焊、错焊等现象。

操作分析 6　常见故障检测方法

指针式万用表在装配过程中，常见的故障及其排除方法参考表 7.2.1。

表 7.2.1　MF50 型万用表故障排除方法

序　号	现　　象	排 除 方 法
1	测量电阻挡不能调零或指针打到零位以外	1. 旋转转子长短方向安装错误 2. 调零电位器（损坏）更换 3. 检查 8 号电阻器焊点的可靠性 4. 检查万用表电池 1.5V、9V 的电压
2	电流挡校验有较大误差	1. 检查 24、30、31 和 9 号电阻器安装的准确性及焊点的可靠性 2. 检查 15 和 7 号导线连接是否正确及焊点的可靠性 3. 检查定子片上的焊点是否有短路现象
3	电压挡校验有较大误差	1. 检查 28 号电阻器的准确性及焊点的可靠性 2. 检查 5、4 和 1 号导线的连接点是否正确，定子片上的焊点是否短路和开路 3. 检查旋转转子是否完全与定子片接触及安装是否正确
4	三极管放大倍数测量有较大误差	1. 检查 2 和 4 号电阻器的准确性及焊点可靠性 2. 检查 1、41 和 42 号导线连接是否正确及焊点的可靠性 3. 检查 13 号电阻器的准确性及转子安装是否正确

训练评价

1. 训练目标

（1）熟悉装配电子仪器的整个过程，学会检查各种元器件和各种零部件。

（2）熟悉和解读电子仪器装配的各种工艺文件。

（3）熟练利用工艺文件进行电子仪器的装配焊接并进行检查。

（4）电子仪器的简单检验并进行简单的调试和排除故障。

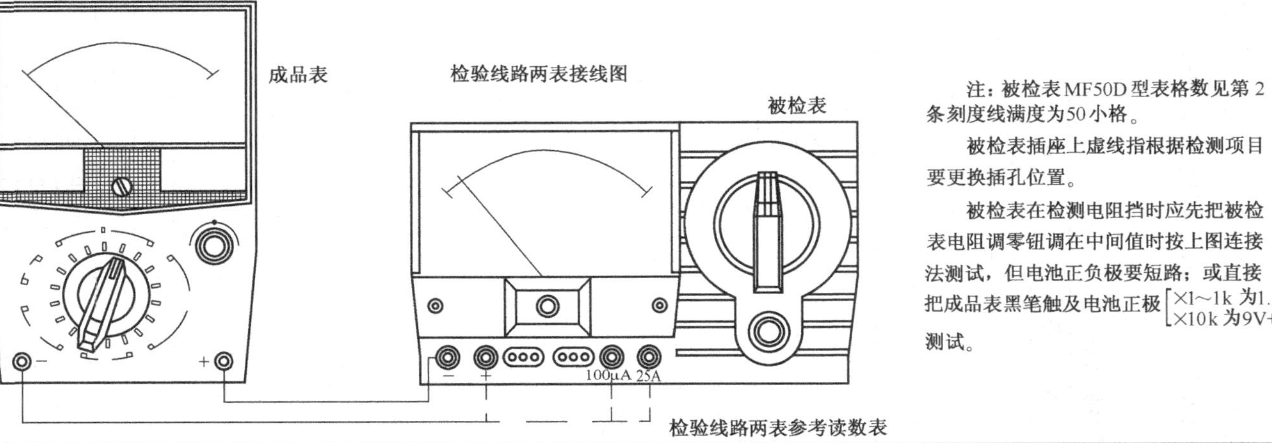

注：被检表MF50D型表格数见第2条刻度线满度为50小格。

被检表插座上虚线指根据检测项目要更换插孔位置。

被检表在检测电阻挡时应先把被检表电阻调零钮调在中间值时按上图连接法测试，但电池正负极要短路；或直接把成品表黑笔触及电池正极[×1～1k 为1.5V+；×10k 为9V+]测试。

检验线路两表参考读数表

序号	旋钮拨至挡数		相应参考读数		序号	旋钮拨至挡数		相应参考读数	
	被检表50D	成品表30型	成品表30型	被检表50D		被检表50D	成品表30型	成品表30型	被检表50D
1	+2.5A	R×1	0.3Ω	1 格	11	10 V~	R×10k	40k	23 格
2	+100μA	R×1k	2.9k	27 格	12	50 V~	R×10k	200k	15 格
3	2.5mA	R×100	290Ω	11 格	13	250V~	R×10k	1M	5 格
4	25mA	R×10	30Ω	11 格	14	1000 V~	R×10k	4M	1.5 格
5	250mA	R×1	3Ω	11 格	15	h_{FE}	R×10	50Ω	满度外
6	2.5V	R×1k	25k	15 格	16	R×1	R×1	9Ω	17 格
7	10V	R×10k	100k	22 格	17	R×10	R×10	100Ω	17 格
8	50V	R×10k	500k	10 格	18	R×100	R×100	1k	17 格
9	250V	R×10k	2.5M	3 格	19	R×1k	R×1k	10k	17 格
10	1000V	R×10k	4M	0.7 格	20	R×10k	R×10k	98k	25 格

2．训练器材

常用电子焊接工具等，训练材料 MF50 型万用表套件（散件）1 套。

MF50 型万用表（合格品）1 只。

3．训练内容及步骤

（1）训练内容。

① 按照 MF50 型万用表的电原理图、元器件装配图、元器件明细表（见表 7.2.2）、零部件明细表（见表 7.2.3）、导线接线图、万用表连接线表（见表 7.2.4）等工艺文件装配，焊接一个完整的 MF50 型万用表。

表 7.2.2　　MF50 型万用表元器件明细表

序　号	元器件名称	数　量	位　号	连接点
1	电阻器 43.2kΩ　R_{25}	1	2	PNP—b～PNP—c
2	电阻器 20.5kΩ　R_{27}	1	4	NPN—b～NPN—c
3	电阻器 2.7Ω　R_{2}	1	5	定子片 39～“2.5A”
4	电阻器 100Ω　R_{19}	1	6	定子片 41～定子片 43
5	电阻器 85.5kΩ　R_{22}	1	7	定子片 9～定子片 37
6	电阻器 12.5kΩ　R_{23}	1	8	定子片 40～2K “中”
7	电阻器 3.3kΩ　R_{6}	1	9	定子片 42～2K “上”
8	电阻器 1.07kΩ　R_{20}	1	10	定子片 11～定子片 43
9	电阻器 32.5kΩ　R_{21}	1	11	定子片 10～定子片 43
10	电阻器 9Ω　R_{18}	1	12	定子片 35～定子片 36
11	电阻器 51Ω　R_{17}	1	13	定子片 33～定子片 34
12	电阻器 160kΩ　R_{16}	1	21	定子片 15～定子片 16
13	电阻器 800kΩ　R_{15}	1	22	定子片 16～定子片 17
14	电阻器 3MΩ　R_{14}	1	23	定子片 17～定子片 18
15	电阻器 27Ω　R_{3}	1	24	定子片 7～定子片 8
16	电阻器 2MΩ　R_{13}	1	25	定子片 2～定子片 3
17	电阻器 400kΩ　R_{12}	1	26	定子片 3～定子片 8
18	电阻器 75kΩ　R_{11}	1	27	定子片 4～定子片 5
19	电阻器 22kΩ　R_{24}	1	28	定子片 5～定子片 27
20	电阻器 33.8kΩ　R_{26}	1	29	定子片 26～定子片 27
21	电阻器 2.7kΩ　R_{5}	1	30	定子片 6～定子片 28
22	电阻器 270Ω　R_{4}	1	31	定子片 6～定子片 7
23	电阻器 15kΩ　R_{8}	1	32	定子片 31～定子片 32
24	二极管 1N4001	2	33	定子片 29～定子片 31
				定子片 30～定子片 31
25	电阻器 1.87kΩ　R_{9}	1	34	定子片 32～定子片 38
26	电阻器 1.9kΩ　R_{10}	1	35	定子片 38～1k “左”
27	电容器 22μF/6.3V	1	39	1k “中”～“*”
28	二极管 1N4001　VD_{1}	2	40	1k “中”～“*”
	二极管 1N4001　VD_{2}			1k “中”～“*”
29	镀锡铜丝	1		定子片 29～定子片 30

表 7.2.3　　MF50 型万用表零部件明细表

序　号	元 器 件 名 称	数　　量	连　接　点	备　　注
14	定子绝缘片	1		
15	盘头螺钉 M2.5×12	3		
16	内盘垫圈ϕ2.5	3		
17	转子绝缘片	1		
18	六角螺母 M4	1		
19	内盘垫圈ϕ4	1		
20	内齿垫圈ϕ4	1		
37	面板	1		
	面板部件如下			
	表头（测量机构）		红色电线接 1k“中”	
			黑色电线接“*”	
	1kΩ、2kΩ线绕电阻	各 1		
	0.3Ω锰铜丝			
	后盖配件如下			
	电池盖板			
	5 号电池夹正、负片	各 1		
	9V 电池纽扣	1	红色电线接定子片 37	
			黑色电线接 1.5V 正极片	

表 7.2.4　　MF 50 型万用表连接线表

序　号	元 器 件 名 称	长　度/mm	颜　　色	连　接　点
1	连接线　　1 号线	140	红	定子片 24～“+”
2	连接线　　3 号线	100	橙	定子片 25～1.5V 正极
3	连接线　　4 号线	60	黑	定子片 15～定子片 26
4	连接线　　5 号线	60	黑	定子片 24～定子片 27
5	连接线　　6 号线	70	蓝	定子片 20～2k“中”
6	连接线　　7 号线	60	黑	定子片 22～定子片 28
7	连接线　　8 号线	50	白	定子片 21～定子片 29
8	连接线　　10 号线	60	黑	定子片 23～定子片 38
9	连接线　　11 号线	30	黑	定子片 38～“100μA”
10	连接线　　12 号线	50	白	定子片 8～定子片 39
11	连接线　　13 号线	70	蓝	定子片 19～定子片 40
12	连接线　　14 号线	60	黑	定子片 12～定子片 41
13	连接线　　15 号线	40	橙	定子片 22～定子片 42
14	连接线　　16 号线	35	红	定子片 35～定子片 43
15	连接线　　17 号线	80	红	定子片 13～定子片 36
16	连接线　　18 号线	80	红	定子片 14～定子片 34
17	连接线　　17 号线	40	橙	PNP—c～NPN—e
18	连接线　　18 号线	120	黑	定子片 43～“*”
19	连接线　　19 号线	100	橙	2k“下”～1k 左
20	连接线　　20 号线	100	黑	“+”～1.5V 正极
21	连接线　　21 号线	30	黑	PNP—c～“+”
22	连接线　　22 号线	50	白	PNP—e～“*”
23	镀锡铜丝　8 号线	8		定子片 1～定子片 18

② 按照简单检验要求、检验连接图、检验参考值等工艺文件，将焊接、装配完毕的万用表进行检验，如有问题即检查改正。

（2）训练步骤。

① 读通所有的工艺文件，做好装配、焊接的准备工作。

② 检查所有的零部件、元器件、导线应无缺损。

③ 按工艺要求对所有元器件进行整形加工，所有的导线必须两边都剥头搪锡。

④ 元器件焊接。

⑤ 导线焊接。

⑥ 总装。

⑦ 检测。

4. 技能评价

MF50 型万用表组装评价如表 7.2.5 所示。

表 7.2.5　　MF50 型万用表组装评价表

<table>
<tr><td>班　级</td><td></td><td>姓名</td><td></td><td>学号</td><td></td><td>得分</td><td></td></tr>
<tr><td>考核时间</td><td>180min</td><td colspan="6">实际时间：　自　　时　　分起至　　时　　分</td></tr>
<tr><td>项　目</td><td colspan="3">考 核 内 容</td><td>配分</td><td colspan="2">评 分 标 准</td><td>扣分</td></tr>
<tr><td>导线加工与连接</td><td colspan="3">1. 按导线加工表要求加工导线
2. 导线长度、颜色、线径选用正确
3. 接线正确可靠
4. 不损伤连接线和其他零部件</td><td>30 分</td><td colspan="2">1. 导线加工不符合要求，每根扣 2 分
2. 导线长度、颜色、线径选用错误，每根扣 2 分
3. 接线错误，每根扣 2 分
4. 连接线和其他零部件损伤，扣 5 分</td><td></td></tr>
<tr><td>元器件插装焊接</td><td colspan="3">1. 元器件成型符合工艺要求
2. 元器件安装位置、极性正确，排列整齐规范
3. 元器件不能漏装、多装
4. 焊点大小均匀、无毛刺、无假焊现象</td><td>20 分</td><td colspan="2">1. 元器件成型不符合工艺要求，每个扣 2 分
2. 元器件错装、漏装，每个扣 2 分
3. 焊点不符合要求，每点扣 2 分
4. 元器件排列不整齐，扣 6 分</td><td></td></tr>
<tr><td>组件装配</td><td colspan="3">1. 转子安装到位，绝缘片固定可靠
2. 接线焊片、接线柱、电池夹安装位置正确可靠</td><td>20 分</td><td colspan="2">1. 转子、绝缘片安装不到位，扣 4～8 分
2. 接线焊片、接线柱、电池夹安装位置不符合要求，扣 4～12 分</td><td></td></tr>
<tr><td>功能校验</td><td colspan="3">被检表各项挡位均有相应功能</td><td>20 分</td><td colspan="2">被检表挡位无功能，每挡扣 4 分</td><td></td></tr>
<tr><td>安全文明操作</td><td colspan="3">1. 工作台上工具摆放整齐
2. 严格遵守安全文明操作规程</td><td>10 分</td><td colspan="2">违反安全文明操作规程，酌情扣 4～10 分</td><td></td></tr>
<tr><td>合计</td><td colspan="3"></td><td>100 分</td><td colspan="2"></td><td></td></tr>
<tr><td colspan="8">教师签名：</td></tr>
</table>

任务三　AM/FM 收音机的装配

调幅/调频（AM/FM）收音机是一个比较适合进行技能训练的产品，它的功能电路较多，元器件数量适中，种类较全，是无线电装配初级考工的一个项目。本任务通过红灯 753—BY AM/FM 收音机的装配，使学习者掌握该产品的工作原理、焊接工艺及调试。

基础知识

知识链接 1 AM/FM 收音机信号流程

1. AM 收音机工作原理

超外差式收音机是目前收音机的主流，具有灵敏度高、选择性好的特点，它是利用调幅波的形式进行信号的传播。调幅是用音频信号来调制高频载波的振幅，调幅波的载频不变，其包络的频率和幅度随音频调制信号的频率和振幅变化。调幅收音机也称为中波收音机。

调幅广播中频频率为 465kHz，其频率范围为 526.5kHz～1606.5kHz。

超外差式收音机由输入电路、变频器（混频、本机振荡）、中频放大器、检波器、低频放大器和功率放大器组成，其原理框图及各点的波形如图 7.3.1 所示。

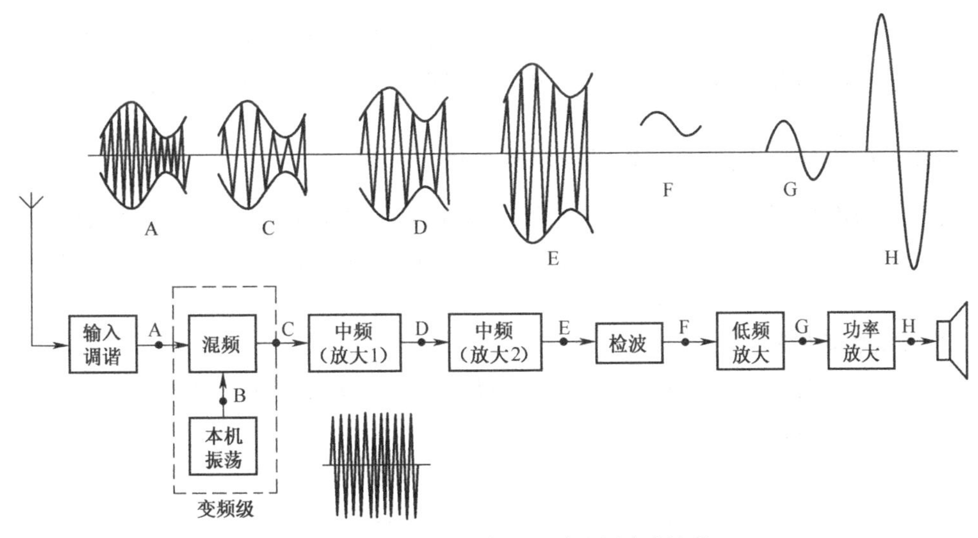

图 7.3.1 超外差式收音机原理框图及各点波形

超外差式收音机的信号变换过程：空中传播的调幅波广播信号通过收音机天线接收→输入调谐电路（选择出所需的电台信号）→混频（进行变频，输出中频 465kHz 信号）→中频放大器（中

↑

本机振荡信号

频放大）→检波器（解调出音频信号）→低频放大器（进行音频放大）→功率放大器（功率放大，输出足够的功率）→扬声器（还原出声音）。

2. FM 收音机工作原理

调频收音机一般采用超外差接收，抗干扰能力强，高保真传送。它是利用调频波的形式进行信号的传播。调频是用音频信号来调制高频载波的频率，调频波的振幅不变，其包络的高频载波频率随音频调制信号的频率和振幅变化。

调频广播中频频率为 10.7MHz，其频率范围为 87MHz～108MHz。

调频收音机与调幅超外差式收音机的电路结构很相似，由输入电路、高频放大器、变频器、中频放大器、限幅器、鉴频器、低频放大器和功率放大器组成。图 7.3.2 所示为调频收音机的原理框图及各点的波形。

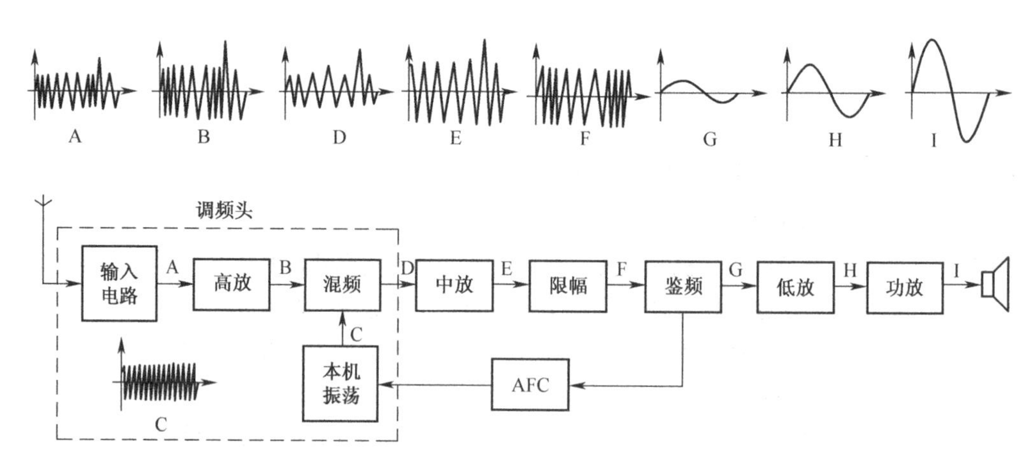

图 7.3.2 调频收音机的原理框图及各点波形

限幅器的作用是切除调频波上的幅度干扰信号；鉴频器的功能是将调频信号恢复成音频电压变化信号；自动频率控制（AFC）电路的作用是为了防止本机振荡频率的漂移而造成失谐。

知识链接 2 红灯 753—BY 收音机的工作原理

红灯 753—BY 收音机是有调幅和调频两个波段的小台式收音机，它采用了集成电路和分立电子元件相结合的形式，且用拨动开关来改变集成电路相关引脚的直流电位从而达到 AM/FM 的转换。

1. CD2003GP/GB

CD2003GP/GB 是一块专为 AM/FM 收音机设计的双极型集成电路。CD2003GP/GB 的内部逻辑结构如图 7.3.3 所示，各引脚的功能如表 7.3.1 所示。

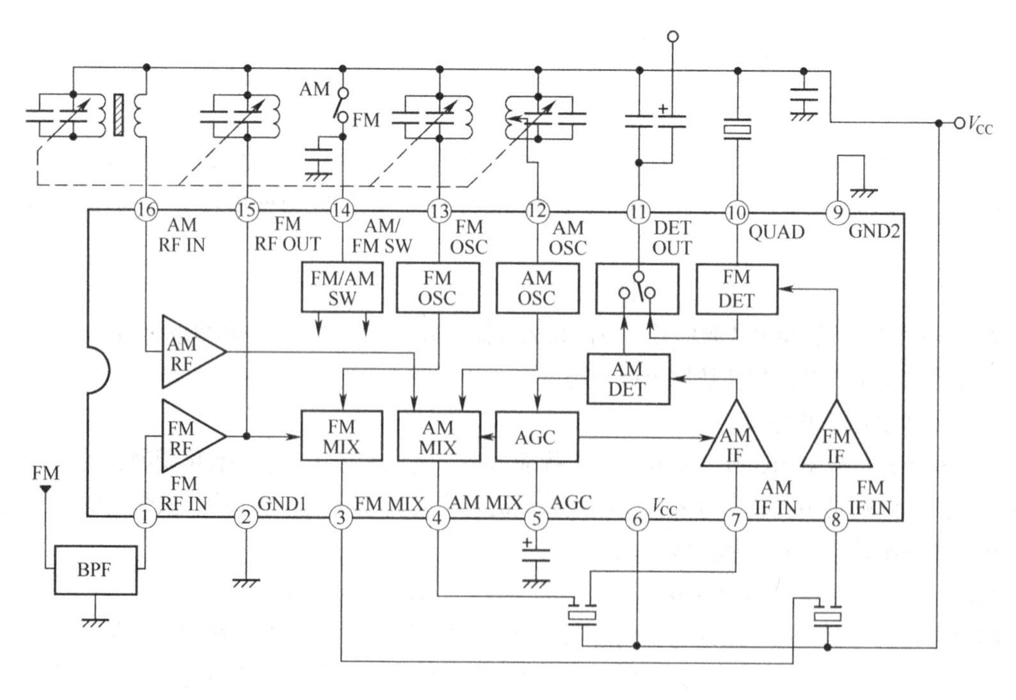

图 7.3.3 CD2003GP/GB 内部逻辑结构

表 7.3.1　　　　　　　　　CD2003GP/GB 引脚功能

序　号	符　　号	功　　能	序　号	符　　号	功　　能
1	FM RF IN	FM 射频输入	9	GND2	地 1
2	GND1	地 1	10	QUAD	移相网络
3	FM MIX	FM 混频输出	11	DET OUT	检波输出
4	AM MIX	AM 混频输出	12	AM OSC	AM 振荡
5	AGC	AGC 控制	13	FM OSC	FM 振荡
6	V_{CC}	电源	14	AM/FM SW	AM/FM 控制
7	AM IF IN	AM 中频输入	15	FM RF OUT	FM 射频输出
8	FM IF IN	FM 中频输入	16	AM RF IN	AM 射频输入

利用 CD2003GP/GB 集成电路组成的红灯 753—BY 收音机电路，如图 7.3.4 所示。

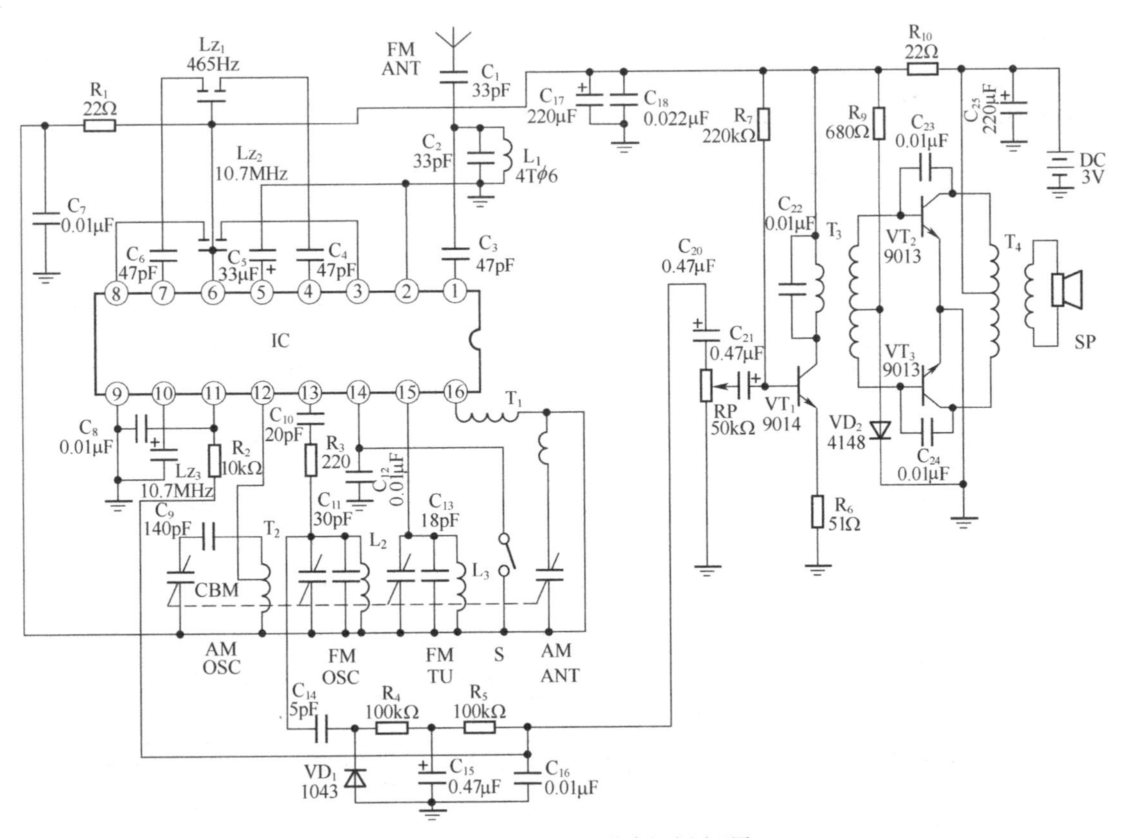

图 7.3.4　红灯 753—BY 收音机电原理图

2. 红灯 753—BY 收音机工作原理

（1）调幅电路的信号流程。波段开关 S 置于 AM 位置，IC 处于调幅中波接收状态。

空中传播的调幅波广播信号→磁性线圈、CBM 四联组成的输入调谐电路（进行选择）→IC⑯输入（进行放大）→在 IC 中进行混频（产生的差频 465kHz 中频信号）→IC④输出→465kHz Lz_1

↑

T_2、C_9 等组成本机振荡，产生振荡信号→IC⑫输入

滤波器（进行中频滤波）→IC⑦输入（在 IC 中进行检波）→IC⑪输出→经过 C_{20}、音量控制器 RP，到达由 VT_1、C_{22}、T_3 等组成的低频放大器（进行音频放大）→经 T_3 耦合，由 VT_2、VT_3、T_4 等组

成功率放大电路（进行功率放大）→扬声器。

（2）调频电路的信号流程。波段开关S置于FM位置，IC处于调频工作状态。

天线收到的调频信号→L_1、C_2等组成的带通滤波器（进行选择）→IC①输入（进行放大）→IC中进行混频（得到10.7MHz中频信号）→IC③输出→10.7MHz Lz_2滤波器（进行中频滤波）→

↑

IC⑬输入←L_2、C_{15}、C_{16}、R_4、R_5等组成本机振荡，产生振荡信号

IC⑧输入→在IC中进行鉴频→IC⑪输出→经过C_{20}、音量控制器RP，到达由VT_1、C_{22}、T_3等组成的低频放大器（进行音频放大）→经T_3耦合，由VT_2、VT_3、T_4等组成功率放大电路（进行功率放大）→扬声器。

操作分析

操作分析1 红灯753—BY收音机装配

1. 装配前进行元器件清点测试

红灯753—BY收音机材料清单如表7.3.2、表7.3.3所示。

表7.3.2 红灯753—BY收音机元器件清单

元器件清单					
位　号	名称规格	位　号	名称规格	位　号	名称规格
R_1	电阻器22Ω	C_{10}	瓷介电容器20pF	VD_2	二极管1N4148
R_2	电阻器10kΩ	C_{11}	瓷介电容器47pF	VT_1	三极管9014
R_3	电阻器22Ω	C_{12}	瓷介电容器0.01μF	VT_2	三极管9013
R_4	电阻器100kΩ	C_{13}	瓷介电容器18pF	VT_3	三极管9013
R_5	电阻器100kΩ	C_{14}	瓷介电容器5pF	T_1	中波天线线圈
R_6	电阻器220kΩ	C_{15}	电解电容器0.47μF	T_2	中波振荡线圈（黑）
R_7	电阻器51Ω	C_{16}	瓷介电容器0.01μF	T_3	输入变压器
R_8	电阻器680Ω	C_{17}	电解电容器220μF	T_4	输出变压器
R_9	电阻器22Ω	C_{18}	瓷介电容器0.022μF	CBM	四联电容443DF
RP	电位器50kΩ	C_{20}	电解电容器4.7μF	B	扬声器ϕ80 3W8Ω
C_1	瓷介电容器33pF	C_{21}	电解电容器4.7μF	JI	跨线
C_2	瓷介电容器33pF	C_{22}	瓷介电容器0.01μF	J2	跨线
C_3	瓷介电容器47pF	C_{23}	瓷介电容器0.01μF	L_1	FM铜圈4Tϕ6
C_4	瓷介电容器47pF	C_{24}	瓷介电容器0.01μF	L_2	FM铜圈4Tϕ5
C_5	电解电容器33μF	C_{25}	电解电容器220μF	L_3	FM铜圈4Tϕ5
C_6	瓷介电容器47pF	Lz_1	滤波器（三端）465 kHz	S	拨动开关1×1
C_7	瓷介电容器0.01μF	Lz_2	滤波器（三端）10.7 MHz		
C_8	瓷介电容器0.01μF	Lz_3	滤波器（二端）10.7 MHz		
C_9	瓷介电容器140pF	VD_1	二极管1043		

表 7.3.3　　　　红灯 753—BY 收音机结构件清单

结构件清单					
序　号	名 称 规 格	数　量	序　号	名 称 规 格	数　量
1	前框	1	13	自攻螺钉 3×8（固定线路板）	2
2	调谐盘	1	14	圆头螺钉 M2.5×6（固定拉杆天线）	1
3	印制电路板	1	15	平肩螺钉 2.5×5（固定千周板）	2
4	扬声器压片	3	16	圆头螺钉 2.5×4（固定四联）	2
5	螺帽 M8×0.75	1	17	导线 80mm（连接电位器）	1
6	磁棒 ϕ10×120	1	18	导线 80mm（连接正极片）	1
7	千周板	1	19	导线 80mm（连接弹簧）	1
8	磁棒支架	1	20	导线 80mm（连接扬声器）	2
9	自攻螺钉 3×6（固定拉线支架）	2	21	导线 80mm（连接焊片）	1
10	自攻螺钉 3×6（固定扬声器）	3	22	拉杆 ϕ6×10	1
11	自攻螺钉 3×6（固定磁棒支架）	2	23	焊片	1
12	自攻螺钉 3×10（固定后盖）	2			

2. 印制电路板检查

检查印制电路板，看焊盘是否钻孔，有无脱离，印制导线有无毛刺短路、断裂现象，定位凹槽、安装孔及固定孔是否齐全。

3. 红灯 753—BY 收音机装配

红灯 753—BY 收音机装接工艺流程图，如图 7.3.5 所示。

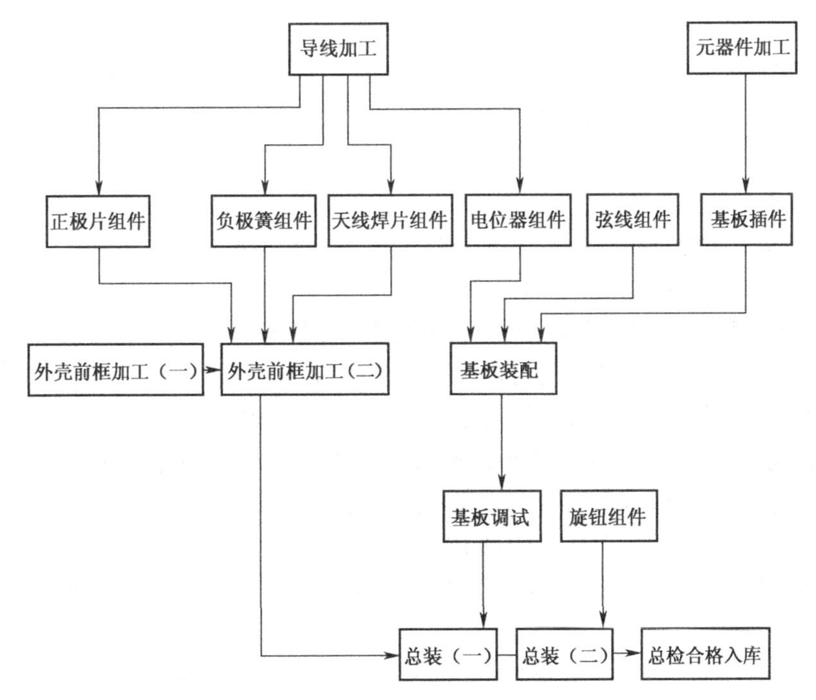

图 7.3.5　红灯 753—BY 收音机装接工艺流程图

（1）焊接印制电路板。印制电路板装配图如图 7.3.6 所示。

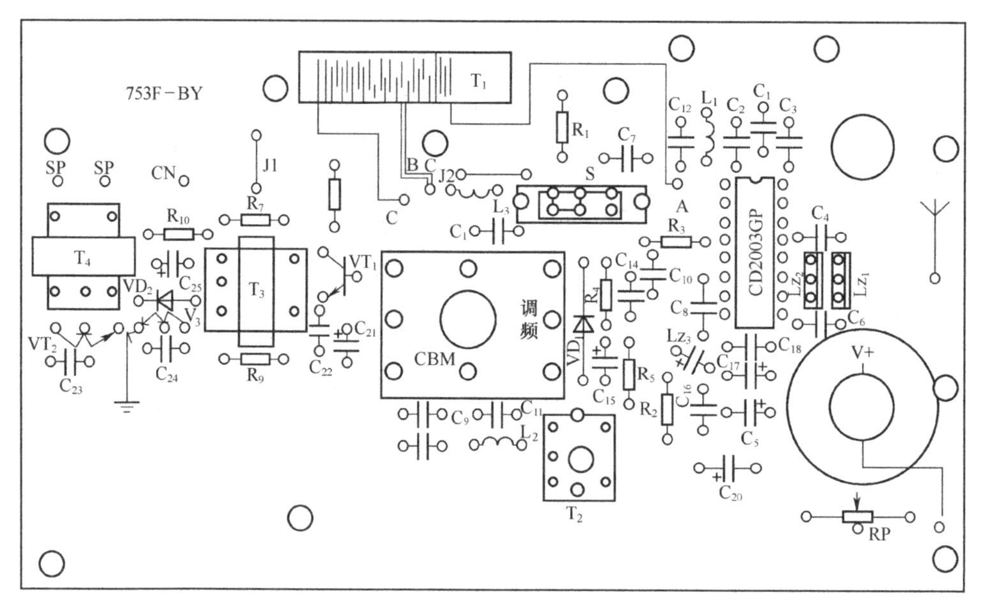

图 7.3.6　印制电路板装配图

焊接中，从低到高，先焊接矮而小的元器件，再焊接大而高的元器件，且元器件插装一部分，检查一部分，焊接一部分。焊接中注意以下几点。

① 集成电路、三极管、二极管、电解电容器必须注意插装方向。

② 波段开关和中周的外壳要焊接妥贴，以保证接地可靠起到屏蔽作用。

③ 阻容元件的安装要平整，且符合焊接工艺要求。

④ 焊接元器件时，焊点要光亮、圆滑，严防虚焊、错焊、拖焊短路等现象。

（2）组件、整机安装。印制电路板上的元器件焊装完成后，可进行其他器件的组装，最后完成整机的安装。

整机产品总装的原则是先轻后重、先铆后装、先里后外、先低后高、易碎的零部件后装、前道工序不影响后道工序的安装。为此，红灯 753—BY 收音机总装步骤如下。

① 磁棒架与可变电容器（四联）的安装。

可变电容器（四联）要看清方向，磁棒支架用螺丝钉紧固。

② 拉线盘、拉线支架和千周板的安装如图 7.3.7 所示。

③ 扬声器的安装。将扬声器放入机壳指定位置，并将其固定。

扬声器安装前必须先进行检测。检测方法如图 7.3.8 所示，将万用表置于 R×1 挡，用任一表笔接一端，另一表笔点触另一端。正常时会发出清脆响亮的“哒”声。如果不响，则是线圈断了，如果响声小而尖，则是有擦圈问题，也不能用。

④ 负极簧组件、正极片组件的安装。组装负极簧组件时，把导线焊在负极簧尾端处，导线焊接部分与弹簧平行，如图 7.3.9 所示。

组装正极片组件时，把导线焊在正极片凸面的中间，焊接导线方向与开口处一致，如图 7.3.10 所示。

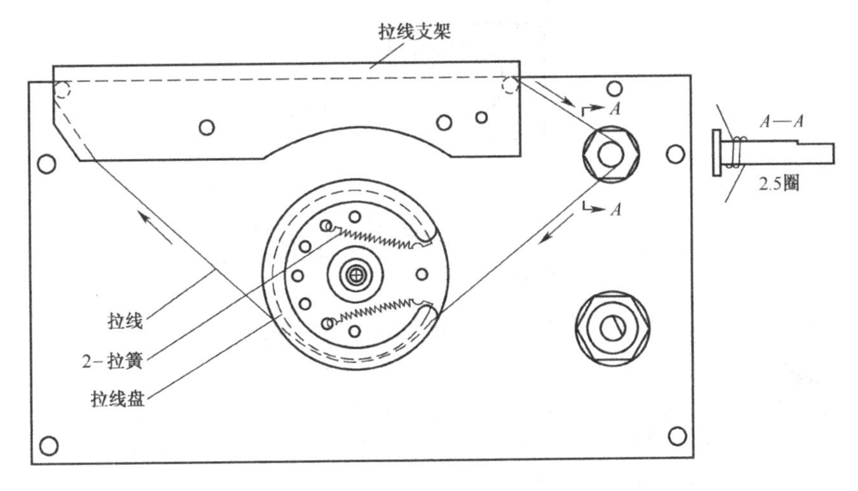

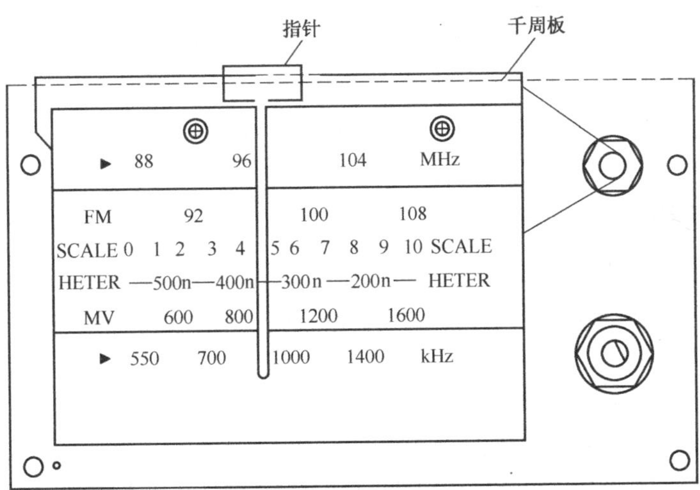

图 7.3.7 拉线盘、拉线支架和千周板的安装工艺图

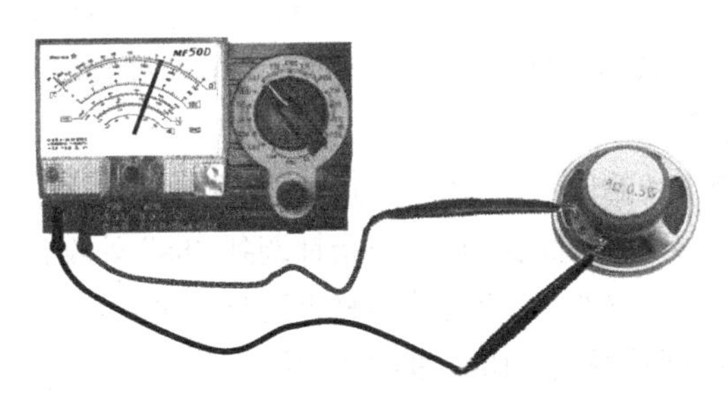

图 7.3.8 扬声器检测示意图

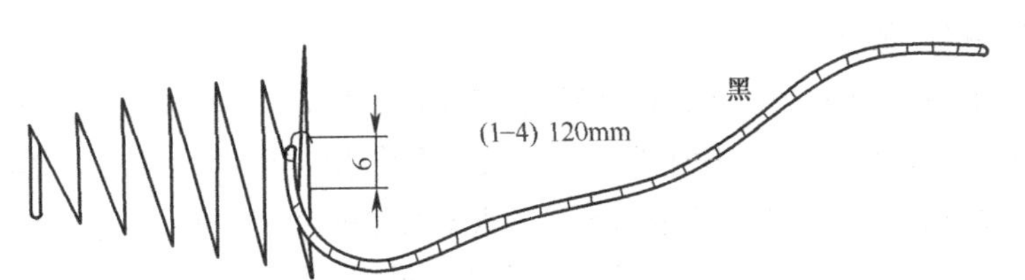

图 7.3.9 负极簧组件安装工艺图

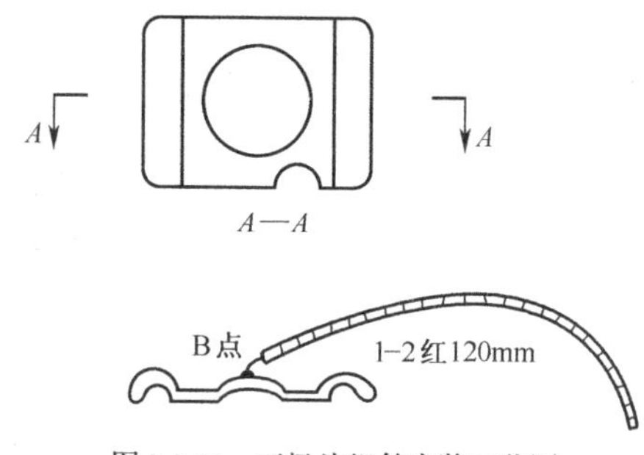

图 7.3.10　正极片组件安装工艺图

注意

- 要拧紧调谐轴套和音量电位器上的六角螺母，拧电位器的六角螺母时必须拿住电位器，防止安装方向变位。
- 安装调谐拉接线时认真看清工艺图，切勿在四联的二端上用力扭转，以免损坏四联的角度限定装置。
- 装配明窗时，最好用专用的烙铁头铆烫，以固定其4个脚。

操作分析 2  红灯 753—BY 收音机调试

（1）所有元器件在安装、焊接结束后，必须再仔细复核，确认无误后才能接通电源。将音量电位器旋转到最大音量，若在中波 MW 和 FM 波段均能听到“沙沙”声，且有一个或一个以上电台广播“开口”，则调试结束。

（2）调幅的中频频率和调频的中频频率在本机中无须调整。

（3）完成调试后进入频率范围的调整。

① 将波段位于中波 MW 的位置，指针调到刻度板的“0”位处，用无感改锥调节 T_2 的磁帽位置，使收音机收到 525kHz 信号（如无仪表，则可将指针调到“550”处收到 540kHz 中央一套的广播），再将指针调到刻度板的“10”位处，用无感改锥轻轻调节四联上 C_1 的角度，使收音机收到 1 610kHz 信号（如无仪表，则可将指针调到“1 400”处收到上海 1 422kHz 的广播），上述两步骤反复几次才能完成。

② 将波段位于中波 FM 的位置，指针调到刻度板的“0”位处，用无感改锥拨动 L_2 的间距，使收音机收到 87MHz 信号（如无仪表，则可将指针调到“88”处收到 88.9MHz 的上海电台广播），再将指针调到刻度板的“10”位处，用无感改锥轻轻调节四联上 C_3 的角度，使收音机收到 108MHz 信号（如无仪表，则可将指针调到“104”的“4”位处收到上海 105.7MHz 的电台广播），上述两步骤反复几次才能完成。

（4）收音机整机灵敏度的调节。

① 将波段位于中波 MW 的位置，指针调到刻度板的“600”位处，收到信号后用无感改锥推动中波天线线圈在磁棒上的位置，使喇叭音量最大。再将指针调到刻度板的“1440”位处，用无感改锥轻轻调节四联上 C_2 的角度，使喇叭音量最大（如无仪表，则可在上述位置的附近找一个正在广播的电台亦可），上述两步骤反复几次才能完成。最后用蜡将中波天线线圈封固在磁棒上。

② 将波段位于中波 FM 的位置，指针调到刻度板的“92”位处，收到信号后用无感改锥拨动 L_3 的间距，使喇叭音量最大。再将指针调到刻度板的“104”位处，用无感改锥轻轻调节四联上

C_4 的角度，使喇叭音量最大（如无仪表，则可在上述位置的附近找一个正在广播的电台亦可），上述两步骤反复几次才能完成。最后用蜡将 L_2、L_3 封固。

（5）调试结束，整机装配完成。若在各项调试中发现异常情况，必须先查出原因，排除故障后，再进行上述调试。

训练评价

1. 训练目标

使学生掌握红灯 753—BY 收音机的工作原理、整机装配、焊接工艺及调试，培养学生电子产品检修的能力。

2. 训练器材

电烙铁、万用表、红灯 753—BY 收音机散装元器件、电子技能训练的工具 1 套。

3. 训练内容和步骤

根据图 7.3.5 所示红灯 753—BY 收音机装配工艺流程图，进行收音机的整机装配。

4. 技能评价

AM/FM 收音机的装配评价如表 7.3.4 所示。

表 7.3.4　　AM/FM 收音机的装配评价表

班　级		姓名		学号		得分	
考核时间		实际时间：　自　时　分起至　时　分					
项　目	考 核 内 容		配分	评 分 标 准			扣分
元器件成型及插装	1. 正确使用常用电子装接工具 2. 按导线加工表对导线加工 3. 按元件工艺表对元器件引线成型		20 分	1. 常用电子装接工具使用不正确，每错误一处扣 5 分 2. 元器件引线、导线加工不符合工艺要求，每错误一处扣 1～3 分			
印制板焊接	1. 元器件插装其高度尺寸、标志方向符合规定工艺要求 2. 无错装、漏装现象 3. 焊接点大小均匀、有光泽、无毛刺，无假焊、搭焊现象 4. 印制导线不能断裂，焊盘不能翘起		30 分	1. 元器件插装不符合工艺要求，每错误一处扣 1～3 分 2. 焊点不符合要求，每错误一处扣 2～4 分 3. 印制导线断裂、焊盘有翘起，每错误一处扣 5 分			
装配	1. 机械和电气连接正确 2. 零部件装配完整，不能错装和缺装 3. 紧固件规格、型号选用正确，不损伤导线、塑料件、外壳		20 分	1. 不能正确使用装配工具，每错误一处扣 5～8 分 2. 严重损伤整机外壳，损伤导线，每错误一处扣 10 分			
调试	1. 正确调试收音机，并能收听多个电台 2. 正确测量指定集成电路引脚及三极管的直流电压；整机电流		20 分	1. 不会使用万用表，每错误一处扣 5 分 2. 测量方法不正确，不能正确测量各个电压、电流，每错误一处扣 5 分 3. 不能正确调试收音机，每错误一处扣 10 分			
安全文明操作	能遵守安全文明操作规定		10 分	违反操作规程，酌情扣 5～10 分			
合计			100 分				
教师签名：							

项目小结

通过直流稳压电源、指针式万用表、AM/FM收音机等整机电子产品的装配，主要介绍了3种产品的组成及基本原理、常用元器件的检测、安装要点和产品简单调试方法；在完成产品装配的实际操作过程中，进一步掌握电子装接的基本操作技能，逐步理解电子整机产品装配的工艺流程；学习电子产品装配的工艺规范并要求在实践中严格遵守。这些知识的学习和技能的掌握为进入无线电装接工中级培训打下扎实基础。

思考与练习

1. 在直流稳压电源电路中，整流二极管上并联的小电容器起什么作用？
2. 在调频收音机中，如果输入信号的频率为107.8MHz，问输入回路、本机振荡、中频放大的工作频率各为多少？
3. 试画出红灯753—BY收音机整机方框图，并简述其工作原理。
4. 一般情况下，我们如何选择万用表？
5. 整机产品总装的原则是什么？

附录 A

常用元器件的电路图形符号新旧对照表

分类	含义	图形符号（GB/T4728.4）	旧符号
电流和电压种类	直流		
	交流		
	交直流		
	中频		
	中性（中性线）	N	
	中间线	M	
	正极	+	
	负极	−	
	理想电流源		
	理想电压源		
接地	接地一般符号		
	保护接地		或
	接机壳或接底板	或	
	等电位		
导线	导线、电缆、电线、母线	3	
	柔软导线		
	屏蔽导线		或
	绞合导线		
	导线连接点	•	
	可拆卸的端子	⌀	
	导线连接	形式1　形式2	
	导线多线连接	形式1　形式2	
	导线不连接（跨越）		
	导线直接连接		

续表

分类	含义	图形符号（GB/T4728.4）	旧符号
连接器件	插座（内孔的）		
	插头（凸头的）		
	插头和插座		
	同轴插接器		
	接通的连接片	形式1　形式2	
	断开的连接片		
无源元件	电阻器的一般符号		
	可变电阻器 可调电阻器		
	热敏电阻器	θ	
	压敏电阻器	U	
	0.125W 电阻器		
	0.25W 电阻器		
	0.5W 电阻器		
	1W 电阻器（大于 1W 用数字表示）		
	熔断电阻器		
	滑线式变阻器		
	电容器		
	可变电容器 可调电容器		
	微调电容器		
	极性电容器	+	
	穿心电容器		
	电感器、线圈、扼流圈、绕组		
	带磁芯的电感器		
半导体二极管	半导体二极管		
	发光二极管		
	单向击穿二极管 （单向稳压二极管）		
	双向击穿二极管 （双向稳压二极管）		

续表

分类	含义	图形符号（GB/T4728.4）	旧符号
晶闸管	反向阻断三极晶体闸流管（P型控制极）		
半导体管	PNP 半导体管		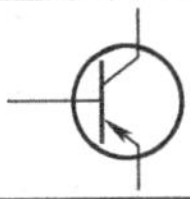
	NPN 半导体管（集电极接管壳）		
光敏和磁敏器件	光敏电阻器		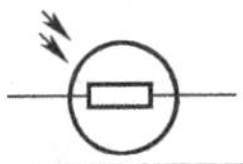
	光电二极管		
	光电半导体管（示出 PNP 型）		
	光耦合器件 光隔离器	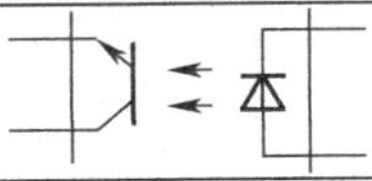	
	半导体激光器		
	磁敏电阻器	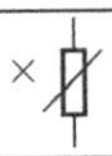	
	磁敏二极管		
电池	原电池 蓄电池	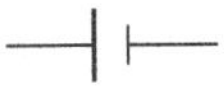	
触点	动合（常开）触点		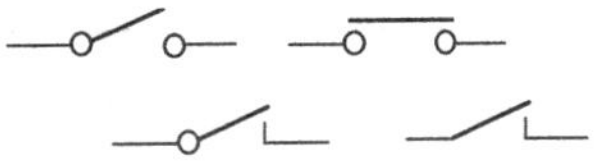
	动断（常闭）触点		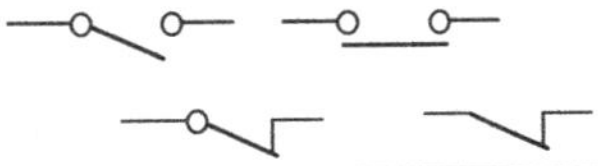
	先断后合的转换触点		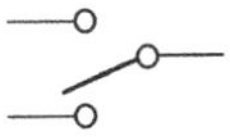
	中间断开的转换触点		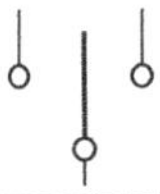
	先合后断的转换触点		
开关	手动操作开关		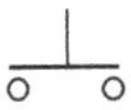
	具有动合触点且自动复位的按钮开关		

续表

分 类	含 义	图形符号（GB/T4728.4）	旧 符 号
开关	单极多位置开关（示出 4 个位置）		
	位置开关，动合触点		
	热敏开关，动合触点		
保护器件	熔断器（一般符号）		
	熔断式开关		
	避雷器		
灯和信号器件	电喇叭	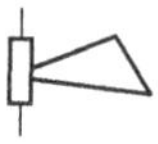	
	电铃		
	报警器		
	蜂鸣器	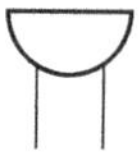	
	灯，信号灯（一般符号）		
	扬声器	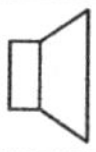	
	受话器		

附录 B

常用元器件的新旧文字代号对照表

元器件名称	旧文字代号	新文字代号	元器件名称	旧文字代号	新文字代号
二极管	D，Z，ZP	V，VD	存储器件		D
三极管，晶体管	BG，Q，T	V，VT	计数器	JS	PC
晶闸管	SCR，KE，KP	V，VT（H）	电桥		AB
稳压管	DW	V，VS	晶体管放大器	BF	A，AD
场效应晶体管	FET	V，VF（E）	集成电路放大器		A，AJ
发光二极管		V，VL（E）	单元、组件、部件		A
整流器	ZL	U，UR	保护器		F
电阻器	R	R	熔断器、限流器	BX，RD	F，FU
热敏电阻器		RT	限压保护器件		F，FV
压敏电阻器		RV	石英晶体振荡器	SJT，DC	G
电位器	W	RP	照明灯	ZD	E，EL
变阻器		RH	空气调节器		EV
电容器	C	C	发热器件，热机械传感器		EH
变压器	B	T	送话器，拾音器		B
电抗器	K	L	扬声器，耳机	Y，EJ	B
电力变压器	LB	T，TM	光指示器，指示灯	XD，ZD	H，HL
调压器		T，TV（R）	电铃，电喇叭，蜂鸣器	DL，JD，LB	H，HA
互感器	H	T	连接器，接线柱	Zu	X
电流互感器	LH	T，TA	灯座，保险丝盒		X
电压互感器	YH	T，TV	端子板，接线板	JX，JZ	X，XT
电流表	A	A，PA	连接片，焊片	HP	X，XB
电压表	V	V，PV	插针，插头	CT	X，XP
电度表		PJ	插孔，插座	CZ	X，XS
开关	K	Q，S，QK	测试插孔	CK	X，XJ
隔离开关		Q，QS	定向耦合器，天线	DD，TX	W
控制开关		S，SA	母线，电缆	M，DL	W
按键，按钮，扳键	AJ，AN，BJ	S，SB	导线，波导，汇流条		W
拨号盘	BH	S	滤波器，限幅器，网络	LB，YF，WL	Z
传感器，调节器	CG	S	光电耦合器		V
温度传感器		ST	继电器	J	K
二进制单元		D	簧片继电器		KR
延迟器件	YC	D	接触器	C	KM

参考文献

[1] 杜虎林. 用万用表检测电子元器件[M]. 沈阳：辽宁科学技术出版社，1998.

[2] 孟贵华. 电子技术工艺基础[M]. 北京：电子工业出版社，2005.

[3] 杨承毅. 电子技能实训基础——电子元器件的识别和检测[M]. 北京：人民邮电出版社，2005.

[4] 黄永定. 电子实验综合实训教程[M]. 北京：机械工业出版社，2004.

[5] 毕满清. 电子工艺实习教程[M]. 北京：国防工业出版社，2003.

[6] 胡斌. 图表细说电子技术识图[M]. 北京：电子工业出版社，2005.

[7] 王天曦，李鸿儒. 电子技术工艺基础[M]. 北京：清华大学出版社，2000.

[8] 技工学校电子类专业教材编审委员会组织编写.基本操作技能[M]. 北京：中国劳动社会保障出版社，1998.